一切发生都是最好的礼物

郭凯燕 著

中国商务出版社
·北京·

图书在版编目（CIP）数据

一切发生都是最好的礼物 / 郭凯燕著. -- 北京：中国商务出版社，2024. 10. -- ISBN 978-7-5103-5354-3

I. B821-49

中国国家版本馆 CIP 数据核字第 2024AK3709 号

一切发生都是最好的礼物
YIQIE FASHENG DOUSHI ZUIHAO DE LIWU
郭凯燕 著

出版发行：	中国商务出版社有限公司
地　　址：	北京市东城区安定门外大街东后巷 28 号　邮编：100710
网　　址：	http://www.cctpress.com
联系电话：	010—64515150（发行部）　　010—64212247（总编室）
	010—64266119（商务事业部）　010—64248236（印制部）
责任编辑：	周水琴
排　　版：	北京天逸合文化有限公司
印　　刷：	三河市众誉天成印务有限公司
开　　本：	880 毫米 ×1230 毫米　1/32
印　　张：	6.5　　　　　　　　　　　字　　数：152 千字
版　　次：	2024 年 10 月第 1 版　　　印　　次：2024 年 10 月第 1 次印刷
书　　号：	ISBN 978-7-5103-5354-3
定　　价：	59.80 元

凡所购本版图书如有印装质量问题，请与本社印制部联系
版权所有　翻印必究（盗版侵权举报请与本社总编室联系）

序

唤醒强大的自己

常言道:"心之所向,身之所往。"我们的内心世界,如同一面镜子,反射出我们的情感、态度和命运。每一个心念的转变,都可能是对命运的重新洗牌,是对自我力量的唤醒。

一念之间,可以跨越万水千山,也可以历经沧海桑田。这并不是夸张,而是对心念力量的真实写照。心念,这个看似虚无缥缈的存在,实则具有无比强大的力量,它悄然改变着我们的命运。

转变心念,就是转运。这不是一句空洞的口号,而是实实在在的生活哲学。当我们选择以积极、乐观的态度去面对生活中的种种挑战时,我们就是在改变自己的命运。

下面,我从与我们连接最紧密也是最直观的几点来谈。

第一,转念可以改变身体状况。

晚清杰出的政治家曾国藩曾言:"身之治理,以非药物为药。"此言揭示了心理状态对身体健康的深远影响。最佳的疗愈源自内心的平和。而最强大的疗愈者，实际上是我们自己。

疾病的根源，往往深藏于心灵之中。因此，疗愈也应从心开始。

我在一家三甲医院做心理健康服务时，亲眼看到了两位病友的不同结局，他们在同一年被诊断为膀胱癌。然而，五年之后，他们的命运截然不同：一位离世，另一位却奇迹般地康复了。

康复者坚信，良好的心态和坚定的信念是他战胜病魔的关键。在接受手术治疗后，他保持积极乐观的心态，静心休养并坚持锻炼。如今，他不仅成功摆脱了癌症的困扰，甚至体质也得到了显著提升。

相反，那位离世的病友在得知自己患癌后，陷入了深深的抑郁和绝望之中。尽管医生竭尽全力进行救治，但最终还是未能挽救他的生命。

有句话说："食疗之效胜于药疗，而心疗之效更胜于食疗。"确实如此。我们的心态，是健康、生命和人生的支柱之一。它既能摧毁一个人的意志，也能激发一个人的潜能。

人若是一味地陷入恐惧、消沉之中，身体也会随之崩溃，人生被拖入深渊。

相反，只有乐观、豁达，笑对生活，方能激发身体的活力，保持坚韧不拔的精神状态，让你不会被轻易打倒。

第二，转念可以改变相貌。

中国有句古话："相由心生。"这不仅是对人相貌的描述，更是对人心态的深刻揭示。当我们的心态发生积极的变化时，我们的相貌也会随之改变。这种改变不是简单的物理变化，而是由内而外的气质转变。当我们心宽时，脸上会流露出大气的美感；当我们心善时，嘴角会不自觉地上扬，露出温暖的笑容，让周围的人更愿意靠近。

反之，如果我们的心总是被负面情绪所控制，那么我们也会逐渐变得尖酸刻薄，让人敬而远之。这并不是危言耸听，而是生活中屡见不鲜的现象。

我曾辅导过一位因婚姻危机常怀怨恨之心而变得越来越丑陋的女性。当意识到这一点时，她感到恐慌和不安。幸运的是，她听从了我的建议：每天保持微笑，每天对自己进行正向强化，慢慢地就从负面情绪的泥潭里走了出来。现在，不仅身边的人开始亲近她，连她自己也发现镜子中的自己变得容光焕发。

这个案例告诉我们，心态的力量是很强大的。当我们选择以积极的心态去面对生活时，就会发现自己变得更加美丽、更加自信。而这种美丽和自信并不是源于外在的装扮或修饰，而是源于内心的平和与善良。

所有的相貌变化都有其原因可追溯，那就是我们的心态。当我们选择以积极向上的心态去面对生活时，我们的相貌也会随之变得光彩照人。因为面相其实就是我们内心的真实写照。

第三，转念可以改变境遇。

俗话说："万物随心，心念一转，万物皆转。"

很多时候，我们的心境一旦转变，境遇也会随之改变。因为好坏总是相伴相生、相互转化，只在于我们如何看待。以老舍先生为例，1934 年，他怀揣着成为职业作家的梦想奔赴上海，却未能如愿。生活的压力使他不得不从上海辗转至青岛，一边教书一边继续他的文学创作。即便后来辞去教职，专心投入写作，经济上的困窘也未曾让他屈服。

坐不起车，他就选择步行；吃不起餐馆，他就亲自动手烹饪。他乐观地说，虽然自己的手艺比不上专业大厨，但胜在食材新鲜。天晴时，他喜欢在户外散步，享受大自然的馈赠，认为这是一种无须任何花费的享受。

正是这段经历，催生了他的经典之作《骆驼祥子》，在文学史上留下了深刻的印记。这恰恰印证了"境遇无好坏，唯心所造，境由心转"的道理。人生的好坏，并不取决于外在的环境，而在于我们内心的态度。

由美国心理学家阿尔伯特·艾利斯创建的"ABC 情绪理论"认为：人的消极情绪和行为障碍结果（consequence），不是由某一激发的事情（antecedent）直接引发的，而是由于经历这件事的个体对它不正确的认知和评价所产生的错误信念（belief）所直接引起的，正是由于人们常有的一些不合理的信念才使人们产生情绪困扰。正所谓："庸人自扰"。

或许，转变心态只需一刹那，但这一刹那的转变，需要拥有改变整个境遇的力量。当我们调整心态，不沮丧、不抱怨、不气馁，好运自然会在不经意间降临。

第四，转念可以改变命运。

《菜根谭》中说道："苦乐无二境，迷悟非两心，只在一转念间耳。"意思是，苦乐之境，全在于心境；迷茫顿悟，也不过是在于人的一念之间。

当心态发生转变时，命运也必然会随之改变。

我是3个孩子的母亲，我也曾一度认为家庭与事业不能两全，也曾认为有了3个孩子，我就要放弃专业追求、事业梦想，也担心自己的生活从此狼狈邋遢。但事实上，我的人生无所畏惧，是从我生了3个孩子开始的！经常有人问我：如何家庭事业两不误？我总是淡然一笑："我用心理学管理好两个团队就行了。"后来，我把修身齐家的智慧和实用的心理学方法制作成视频和微课，帮助了很多在家庭婚姻经营、亲子教育上有困惑的人，意外收获了百万粉丝。人生就是如此，当你选择放下时，才会真正拥有！

起心动念皆是因，当下所受皆是果。明白事出有因，才不会怨天尤人，而是看到所有发生背后的深意——我们每个人的心念，就像是掌舵人生航向的舵手。积极的心态带来积极的结果，让一切变得顺利。如果我们想要改变命运，不妨从改变自己的心念开始。让积极正面的思考成为习惯，如此，我们的人生之路定能更加顺畅无阻。

在未来的日子里，我们在某个时刻做出抉择，在一段路上遇见某个人，以为这就是生命中最普通的一天。回首时才发现，命运的齿轮悄然转动，那些不经意间发生的事，正在重新塑造着我们的人生。

你要做的就是不断优化自己的能量场，保持高能量，去重新洗命运的牌，最终唤醒强大的自己，转动命运之轮！

郭凯燕

2024 年 8 月 16 日

| 目录 |

PART 1　世间所有发生，都有它的来意

　　生命中的一切遇见，都因你而来 // 003

　　修炼转念力，让"一切发生都是最好的礼物" // 008

　　真正的强者，允许一切发生 // 013

　　一个人看待问题的方式就是问题所在 // 018

　　经历的为我所用，过去的铸成铠甲 // 022

PART 2　所有失败，都是为成功铺路

　　成年人的世界，到处都是梦碎的声音 // 029

　　生活实苦，唯有自度 // 032

　　失败的路，每一步都算数 // 038

　　一笑了之的事，就别用眼泪冲洗 // 043

　　翻越通往成功路上的三座大山 // 046

　　别只听建议，请敲敲你心 // 051

PART 3　所有伤害，都是一种成长

世界以痛吻你，你扇它巴掌啊 // 057

如果心痛，就把心掏出来缝缝补补 // 064

适应世上所有温度，无论天气或人心 // 068

即使翅膀被折断，也要勇敢飞翔 // 072

尝遍百味的人，会更加生动干净 // 079

PART 4　所有孤独，都是一种沉淀

成年人的孤独，是一种生活的沉淀 // 085

每座孤岛，都被大海拥抱 // 089

每个人都有自我救赎的力量 // 094

一直陪着你的，是那个了不起的自己 // 098

享受孤独，是一种能力 // 103

PART 5　所有遗憾，都是一种成全

相遇总是猝不及防，别离多是蓄谋已久 // 111

那些失去的，是你本不该拥有的 // 116

相互吸引的人不需要奔跑 // 119

日渐清醒，得失随意 // 124

你以为的遗憾，其实是上天的另一种成全 // 129

PART 6　所有经历，都是一种风景

只此一生，去天地尽头会一会自己 // 137

你若迎着太阳，影子总在身后 // 142

不丧气、不惊慌，岁月自有打赏 // 148

关上过去的门，重启人生 // 153

再见浑浊的过往，你好闪闪发光的未来 // 158

PART 7　所有跋涉，都是为了抵达

所有发生但凡少一件，都无法成就现在的你 // 165

别和老天较劲，你只管勇敢前进 // 168

石头缝里长出的树最坚韧，烧不死的鸟是凤凰 // 173

蛰伏过漫长冬季，等一场花开的惊喜 // 177

人生这场游戏，必须要漂亮地通关 // 185

后记

花自向阳开，人终朝前走 // 191

PART 1

世间所有发生，都有它的来意

世界上的每个生命，都有其存在的意义。

有些伤痛，是最好的成长；有段漆黑的路，终究要自己走完。

行至水穷处，坐看云起时。

唯有身处黑暗中也有一个人毅然决然走下去的勇气，才能在裂缝中找到微光；在磨难中看穿人世沧桑；在无路可走之时，发现上帝为你开的天窗。

没有山穷水尽，哪来柳暗花明。

没有万念俱灰，哪来绝境逢生。

不曾作茧自缚，何来化蛹成蝶。

你幡然彻悟，惊觉所有发生的事，冥冥中都有它的来意。

回过头转念一想，原来一切发生都是礼物，都是有利于个人成长的。这不是一种逃避现实的自我安慰，而是一种积极的人生态度，一种面对困境时的自我赋能。

从此后，面对生活中的每一次遭遇，无论是顺境，还是逆境，都视为成长的契机，从而更加从容地面对人生的起伏，获得内心的平静与成长。

生命中的一切遇见，都因你而来

我们这一生中，所走的每一步路，所遇见的每一个人，所经历的每一件事，都是生命中精心编写的篇章，没有绝对的好坏之分，也没有绝对的对错之别，一切都是因缘际会。

确切地说，每一个遇见的人，都是宇宙间独特的磁场交汇。缘分的起始，是我在匆匆的人群中，一眼就看见了你；缘分的终结，是我在人群中，默默目送你的背影远去。所以，每一个我们遇到的人，都是被我们自身的磁场无声吸引而来。

世间的所有相遇，追根溯源，其实都是一场自我探索与发现的旅程。每个人都带着自己独特的磁场，这个磁场由我们的性格、认知、情感和意念共同塑造。它虽然看不见、摸不着，却无时无刻不在与外界交换着能量和信息。

我们的磁场就像是一张精神的名片，展示着我们独特的个性和能量。它吸引着与我们相似的频率，为我们带来志同道合的人和相符的机遇。因此，你所遇见的每一个人，其实都是你自身磁场的映射和吸引。

最终，你是谁决定了你会遇见谁，会经历怎样的风景。

人这一生，没有无缘无故的遇见

在人生旅途中，每一次遇见都承载着深刻的意义。每个人走进我们的生命，都是一种缘分。正如古老的佛家智慧所言，无论你遇见谁，他都是你生命中注定要出现的人，他的到来绝非偶然，而是必然。他一定会带给你某种启示，教会你某些重要的人生课题。

1. 生命中的贵人，因你的自信而来

自信是一种独特的魅力，它如同磁石，吸引着周围人的注意。正如李白所言："天生我材必有用。"一个人如果缺乏自我认同，那么很难赢得他人的赞赏。

生命中的贵人，总是在你充满自信、积极追求目标的时候出现。当你对自己的能力充满信心，勇往直前地追求梦想时，你就会散发出一种无形的魅力，吸引那些能够发现和欣赏你的才华的人。

张华是一个才华横溢的年轻人，但长期以来一直缺乏自信，总是担心自己的想法和能力不被他人接受。因此，他在工作中总是默默无闻，很少表达自己的观点，尽管他有很多创新的想法。

然而，有一天，公司遇到了一个棘手的问题，需要一个新的解决方案。在团队会议上，张华鼓起勇气，分享了他的想法。起初，他感到紧张和不安，但随着他深入地解释自己的方案，

他逐渐变得自信。

他的方案得到了团队成员的热烈赞同,尤其是他的上司,对他的想法大加赞赏,并决定采纳他的方案。这个方案不仅成功解决了公司的问题,还为公司带来了可观的利润。

从此以后,张华开始更加自信地表达自己的观点,积极参加团队的讨论。他的上司看到了他的潜力和才华,开始给予他更多的机会和责任。这些机会不仅让他的职业生涯取得了巨大的成功,还让他结识了很多生命中的贵人。相反,即使一个人拥有再大的潜力,如果总是陷入自我怀疑和自我贬低的情绪中,则难以发挥自己的优势,取得应有的成就。

2. 欺压你的人,因你的懦弱而来

古语有云:"忍一时风平浪静,退一步海阔天空。"然而,对某些人而言,过度地忍让和退避,只会激发他们的嚣张气焰,让他们更加肆无忌惮。有时过于软弱往往会引来他人的无理挑衅。

人,绝不能纵容恶劣行为。你的宽容和善良,在某些人眼中,可能被视为软弱的象征;你的慷慨和大度,或许会成为那些毫无底线者欺压你的借口。

作家余华曾言:"当我们凶狠地对待这个世界时,这个世界突然变得温文尔雅了。"若想捍卫自己的边界,就必须让你的善良带有锋芒,学会在需要的时候挺身而出,坚持自己的原则,捍卫自己的尊严。

3. 辜负你的人，因你的卑微而来

张爱玲曾描绘过这样的情感："见了他，她变得很低很低，低到尘埃里。"当一个人为了维系某段关系而过分降低自己的姿态，他实际上不是在维护这段关系，而是在无形中破坏它。

我的一位咨询者王芳曾深爱一个男孩，为了这份感情，她几乎放弃了所有的自我，全心全意地迎合对方。她让自己低到尘埃里，只为能够维持这段关系。然而，随着时间的推移，她发现自己在这段感情中越来越迷失，甚至开始怀疑自己的价值。

一味迎合对方，并没有换来对方的爱意与珍惜，反而令王芳渐渐迷失了自己。

人生凡此种种，皆是因果。

《瓦尔登湖》中有一句智慧之语："你的心决定你想要谁出现在你的生命里，而你的行为决定最后谁能留下。"这意味着，我们的人生中出现的人和事，都是由我们的内心和行为所吸引和塑造的。所有的人际关系都是一面镜子，反映出真实的自我。当你与自己的心越来越近时，你离理想中的伙伴也会越来越近。

平时请看看这面镜子，它可能揭示了你未曾察觉的自我：若你总能遇见令人愉悦的事和人，那你本身就是一个播撒快乐、受人欢迎的人；相反，若你常常抱怨遇到的人和事都令人讨厌，那可能意味着你在他人眼中也是一个难以接受的人。若一个人常常遭遇不悦之事，或许应反省的是自己的内心状态。可能，他人在某种程度上觉得你的态度或行为令人不悦。

人因你而来，事因你而生。我们生命中的一切遇见，都因你而来。我们所遇见的人、经历的所有事都有其深意，他们或许都是你成长路上的贵人。

心对了，遇到的人都是对的；人对了，你的世界就对了、人生就顺了。当你怀揣真诚，自有志同道合者与你共同面对挑战；当你展翅高飞，必有凤凰与你并肩翱翔。让自己变得更加出色，你所吸引的，自然会是你心中所期盼的。

修炼转念力，让"一切发生都是最好的礼物"

许多事情，只要我们能够转换视角，就会发现其中隐藏的益处。

每一次的经历，无论顺逆，都是我们成长的助力，塑造我们成为更加坚韧、智慧的个体。这种在困境中转变视角、调整心态的能力，我们可以称为"转念力"。

儒家"修身齐家治国平天下"的理念，鼓励我们通过内心的修炼达到人生的新高度。其中，"反求诸己"与"内省"便是转念力的体现。它们教导我们，在遇到问题时，首要的是反思和调整自己，而非急于寻找外部原因。

道家"无为而治""顺应自然"的哲学，也与转念力息息相关。它提示我们，在面对挑战时，应顺应自然、灵活变通，以更宽广的视角去看待世界。

佛教中的"禅修"与"观照"，则为我们提供了培养转念力的实践方法。通过深入内心的探索与观照，我们能够更清晰地认识自己和世界，从而在面对问题时能迅速调整心态，以更加智慧和慈悲的心去应对。

与此同时，西方的认知重构理论与转念力有着异曲同工之妙。它强调在面对困境时，通过改变对问题的看法和解释，从而调整情绪和行为，实现更为积极、乐观的应对方式。

综合这些深邃的哲学与理论，我们可以将转念力理解为一种在面对挑战时，能主动调整思维方式，转变看待问题的角度，从而将困境转化为成长契机的能力。它不仅是一种心理素质，更是一种生活智慧和实践技巧。每一个念头的转变，都可能为我们打开一扇全新的大门，引领我们走向更加美好的未来。

念转则命转，生活的种种可能，皆在我们的转念之间。

想转运，先转念

现代量子力学揭示了人类的思想在未被有意识观察之前，表现为能量波的形式。我们所处的宇宙是一个广袤的能量场，每一个念头和意愿都携带着能量。当我们以积极的心态看待世界，我们收到的便是正面的能量回馈。例如，面对不如意的事情，如错过的公交车或情感的波折，若能从积极的角度去思考，或许会发现这些事情在无形中让我们避免了更大的困扰。

悟元子在《神室八法》中阐述了"先天之气自虚无中来"的观点，强调了人体与宇宙能量的交融。这种交融不仅增强了人体对养分的吸收能力，促进了新陈代谢，还转化为各种生命所需的能量，同时调节人体的生理平衡，对健康产生积极影响。反之，负面的思想和情绪则可能对身体健康产生不良影响。

改变并非难事。心态的转变往往就在一瞬间，这一瞬间的转变却能带来命运的转折。当我们调整自己的心态，负面的影响便会逐渐消散。我们的内在能量振动频率会随之改变，吸引与我们频率相契合的积极事物。这就是"境随心转"的奥秘所在。

真正内心强大的人，能够专注于当下，不沉溺于过去，也不纠结于执念。他们始终保持积极的心态，时刻观察和调整自己的思绪。一旦察觉到消极的念头，他们会立即进行调整。因为心境的转变，往往意味着处境的改善。

著名作家贾平凹曾遭遇事业、健康与婚姻的三重打击，但他并未被困境击垮。在逆境中，他找到了创作的力量，用10个月的时间完成了小说《废都》。

当《废都》在法国获得"费米娜文学奖"时，国内文坛对这部作品的评价也随之改变。这一转变，不仅是对贾平凹才华的肯定，更是对他坚持不懈、积极应对困境的精神的认可。

贾平凹的经历，恰如王阳明所言："人间道场，淤泥生莲，世间磨难，皆是砥砺切磋我也。"面对人生的种种挑战，我们如何应对，关键在于我们的心态。转念之间，负能量可以转化为正能量，为我们的人生带来全新的可能。

心念的转变，不仅影响我们的心态，更会引领我们走向不同的未来。当我们选择积极面对，专注于自我提升，好运自会在不经意间到来。因此，想要改变命运，先从转念开始。

那么，转念究竟转的是什么？

转念转的到底是什么

我们常说转念，但很多人误解了其本质。人们往往认为转念就是改变对某一事物的看法，但实际上，更深层的含义是审视和转变我们对念头的真实性判断。

转念的关键并不在于改变我们对具体事情的看法，而是改变我们对这些念头的看法。换言之，无论世界如何呈现，无论我们的生活中发生什么，我们对这些事情的态度往往很重要。如果我们先入为主地认为某件事就是这样的，那么改变我们对这件事的解释就变得异常困难。比如，"他抛弃了我""他欺骗了我"。如果我们坚信这些是真实发生的，那么试图转变这种被伤害的心态几乎是不可能的，因为我们已经默认了这些事情的真实性。

然而，如果我们换一种思维方式来看待这个问题，就会发现转念的真正含义并不是将"我觉得他伤害了我"转变为"他没有伤害我"。事实上，我们真正需要审视和转变的是，"他伤害了我"这个念头到底是真实的，还是虚假的。这种思维方式的转变将为我们打开一个全新的视角，让我们能够更自由地看待世界和自己。

每一个感觉的背后，都隐藏着一个念头。我们的感觉不会无缘无故地产生。当我们改变对一个念头的感受时，我们实际上也在改变对这个念头的看法。要实现我们的愿望，我们需要做的是，将我们对现有念头的坚信不疑，转变为对新愿望的认同，使之变得同样自然、同样真实。

这种内在的转变是瞬间的。我们不再需要假设有一个原先的潜意识需要我们去替换，而是可以一步到位，直接植入新的认知。这个植入过程，就是改变我们对新愿望的看法并认定它是真实的。此时，我们转变的并不是对外界的假设看法，而只是对自己念头的认知。只有转变自己的认知，我们才能从一个新的角度去看问题，从而获得不一样的见解。

真正的强者,允许一切发生

江山易改,本性难移。彻底的改变往往需要经历漫长且富有挑战性的旅程。学会转念,并非意味着要抑制或违背个人的真实意愿去行事。真正的转念,应当是自然而然的流露,既无拘无束,又不被外界所左右。若你暂时还未能达到这样的境界,那么,至少可以试着去接纳,让生活中的一切自然而然地发生,从而为你的生命旅程增添更多的可能。

允许一切发生,遇见更多可能

生命之旅如同在变幻莫测的海洋中航行,我们常会有种"越是担心,越是发生"的感受。有词云:"叹人生,不如意事,十常八九。"这恰恰揭示了生活的常态,也体现了人们在纷繁复杂的世界中常感到的迷茫与不安。然而,很多时候,这种困扰并非来自外界的现实,而是我们内心的恐惧和担忧在无形中引导了事情的发展。当我们过分担忧出现某个结果,我们的行为往往会不自觉地迎合这种担忧。

要走出这种自我暗示的循环,关键在于学会让事情顺其自然。如同花朵会随季节绽放,树木会随时间生长,我们也应允许自己坦然地展现自己真实的一面。唯有如此,我们才能发现生活中隐藏的无数可能。

人生除了生死，其他都是小事。那些内心坚韧的人，他们知道如何与自然和谐共处，不抗拒、不挣扎，全然接受生活的每一个瞬间。他们努力改变可以改变的，对无法改变的事情则保持超然的态度。当我们放下执念，允许一切如实展现，我们的内心就会得到真正的解放，变得更加勇敢和自由。

1. 拥抱生活的起伏，允许日子偶尔不如意

有时，即便你奋斗多年，拥有高学历，稳坐高薪职位，但工作的重压也可能让你疲惫不堪。

有时，你以为找到了生命中的另一半，准备携手一生，命运的玩笑却让你与另一个他（她）不期而遇。

又或者，你生活优渥，心怀善意，总以为能游刃有余地应对生活中的一切，然而，当意外突如其来，你也许会感到自己的渺小与无力。

生活中，不如意事常八九。面对困境，你是否会泪流满面？是否会心生怨念？是否会向苍穹控诉命运的不公？但无论情绪如何，挑战与难关依旧接踵而至。

尝试驾驭整个人生，不如放开心胸，拥抱每一个瞬间的真实。人生总是充满了变数，而当我们学会接受这些无法预知的转变，我们就把握了随时调整人生航向、灵活应变、重塑心态的主动权。新的道路会向我们敞开，我们不必在原地徘徊不前，

自怜自艾。

真正的生活智慧，在于先接纳后改变，而非沉溺于"为何如此"的无尽追问。很多时候，让我们止步不前的，并非生活本身的困境，而是我们看待问题的视角和态度。

就如苏轼，即便被放逐至偏远的儋州，依旧能寻觅到生活的闪光点。假如苏轼只是一味地埋怨时运不济，可能早就放弃了与命运的抗争。但他选择了接受生活的不完美，因此在儋州，他品尝到了生蚝的鲜美，正如在黄州时他发现了猪肉很好吃一样。

生活的美好，往往隐藏在挫折与悲伤的背后，等待着我们用心去发掘。我们要学会接受生活的所有赠予，然后带着发现美的眼睛去探索、去感悟，去创造属于我们的精彩。

2. 友情随岁月流转，允许朋友渐行渐远

在成长的道路上，我们时常会怀念过去：童年时代的友情，像山间清澈的泉水，纯净而持久；而步入成年后的友情，似乎被各种纷繁复杂的因素所裹挟，令人对其纯粹性产生怀疑。

然而，成年人的友情，尽管常常与各种利益关系纠缠在一起，但这也让我们更加珍视并努力维系这些关系。尽管其中掺杂了现实的考量，但彼此间的深厚情谊是实打实的。

童年的友情，源于心灵的纯真共鸣和共同的兴趣爱好。那份纯真无瑕的情谊固然令人怀念，但随着岁月的流逝，我们的

人生道路逐渐分岔，即便仍然保持联系，也往往是出于对过去美好时光的留恋和回忆。

因共同目标而走到一起的人，关系会越发紧密；而那些曾经的深厚情谊，在生活的洗礼下，可能会逐渐褪色，最终我们各自走向不同的人生轨迹。

当我们洞察到这些变化后，便不再对同学聚会上那些熟悉又陌生的面孔感到困惑；也不再对昔日亲密无间的朋友如今却难以找到共同话题感到不解。

接纳这些变迁后，我们便能以更平和的心态看待名利场中的过客匆匆，也能更加理性地评估自己在他人心中的位置。

我们允许朋友在我们的世界里渐行渐远，因为现实生活毕竟不是童话，而我们都是其中的主角。因此，减少无谓的抱怨、埋怨和失落之后，我们反而能感受到一种释然和轻松。在人际交往中，我们更能顺其自然，珍惜遇到的每一段缘分。

3. 接纳生活的不完美，允许自己不够幸运

或许，我们每个人都期盼着能成为命运的宠儿，就如同小说中的少年贾宝玉，一生下来就集万千宠爱于一身。仿佛整个世界都在他的掌握之中，他的生活看似如同梦幻般的完美。但现实常常打破这种幻想。

即使是身份显赫的贾宝玉，也没能享受到一生的无忧无虑。他和我们一样，有着复杂的情感和独立的思考。正因如此，尽

管他有着"混世魔王"之称,却依然无法逃避人生的悲欢离合。这告诉我们,绝对的幸运是不存在的。每个人对珍宝的定义都各不相同,你眼中的困苦,或许正是别人所珍视的历练。学会接受自己的不完美、不如意,甚至是那些看似挫败的经历,反而能助我们更坦然地面对人生的起伏。

以史铁生为例,他在风华正茂之年遭遇了严重的疾病,导致双腿瘫痪。虽然最初他难以接受这样的现实,但当他选择接纳并勇敢面对时,一个卓越的作家便应运而生。在命运的舞台上,每个人的生活都充满了变数。

真正的强者,会勇敢地迎接这些变化,无论顺境,还是逆境,都能泰然处之。

生命本身就是一场绚丽多彩的旅程,我们无须过分纠结,更不应自我为难。若一味抗拒,只会使我们失去内心的平衡与力量;而当我们选择以开放的心态去迎接,整个世界都将向我们敞开怀抱。

一个人看待问题的方式就是问题所在

我们或许都有过这样的疑惑：为何相似的困境，对某些人来说是转机，对另一些人却是绊脚石？甚至在人生的不同阶段，相同的经历也会带来截然不同的感悟。那么，是什么影响了我们对问题的看法和处理方式呢？

近期，我接触了一个有趣的咨询案例。主人公是位海归工业设计师，却意外成为家族企业的接班人。他身处的环境错综复杂：父亲对企业的"半放手"态度造成的压力、财务总监表哥的"大哥式"管理、新婚妻子的高需求以及老客户对老一代企业领导人的忠诚。

在这样的背景下，他感到力不从心，且备受家族内部批评。在咨询初期，他倾向于将困境归咎于周围环境，认为是家族成员不支持、不理解他。为了帮助他获得更全面的视角，我引导他从不同角色的视角来审视自己的处境。

这一系列的换位思考让他开始反思自己。他意识到，与父亲的紧张关系部分源于他自己的双重心理，同时他的沟通方式也加剧了这种紧张。此外，他对表哥的态度转变、对员工的表面指挥都反映出他作为管理者的不足。

"问题不在于发生了什么，而在于你如何看待它。"当我们选择推卸责任、寻找借口时，我们其实是在限制自己的成长。真正的成长来自面对问题，从多个角度审视并勇敢地承担责任。

生活中的每一个挑战都是一次成长的机会。选择怎样的视角去看待，决定了我们能够从中获得怎样的成长。在日常生活中，我们经常会听到这样的说法："我成功了，这是我努力的结果；我失败了，都是环境或他人的错。"这些话语体现了人们自我保护的天性。当面对事情的成败或人际关系的好坏时，我们往往仅从自己的视角出发来进行评判。

英国文艺复兴时期的著名哲学家培根曾言："习惯之力量强大而深远，足以塑造人的一生。"这一观点同样适用于我们对问题的态度和看法。

在销售领域，当销售人员成功签下一个客户时，他们往往归功于自己的技巧和努力，却可能忽视了市场调研团队、技术支持团队或客户服务团队的重要贡献。然而，当销售项目受挫时，他们却常常归咎于资金短缺、团队能力不足或内部流程的烦琐，甚至将天气作为失利的借口。

在人际交往中，当夫妻关系出现裂痕时，一方可能会指责另一方缺乏责任感、不够关心和勤奋；在亲子关系中，当关系变得紧张时，父母可能会责备孩子不听话、不够成熟和省心；在职场上，如果员工与领导关系不和，员工可能会埋怨领导不够体谅、宽容。

这种倾向于从单一、以自我为中心的视角看待问题和他人的行为方式，很容易使人陷入僵化的思维模式中，难以找到问题的真正解决方案，也容易导致推卸责任。这种做法不仅阻碍了个人的成长和进步，也可能对他人造成伤害和困扰。

事实上，很多时候真正让我们感到困扰的并不是问题本身，而是我们对待、理解和应对这些问题的方式。

重塑思维方式，透过全新的视角洞察问题本质

微小的调整，或许只需改变日常行为；但若追求深度的变革，则必须重塑我们的思维与认知。要透过全新的视角去洞察问题，才能找到解决方案，进而达成我们期望的成果。我们内心的渴望与动机，是推动我们前进的根本力量，它们潜移默化地影响着我们的观点与态度。这些内心深处的想法，通过我们的行动，无论是刻意还是无意，都在塑造着我们的现实世界。

为了得到我们想要的结果，需要深入理解自己的内在需求，主动调整自己的观念和行动。通过改变看问题的角度，我们可以逐渐发现一个崭新的世界。这是一个循序渐进的过程，要求我们保持开放的心态，勇于探索新知并愿意接受和适应全新的思维方式与行为习惯。

那些墨守成规、只在舒适区内徘徊的人，收获的也只会是一成不变的结果。只有那些敢于挑战旧有观念、勇于突破自我认知界限的人，才能引领行为的革新，创造非凡的成就，进而领略到更加广阔的世界。

我曾与一位海归朋友深入交流过人们看待问题的方式如何随着时间而变化。他分享了自己的成长经历与视野的拓展过程。在县城求学时，他因学业出众而受人瞩目；但进入新的阶段后，他发现自己不再是佼佼者。看到更优秀的同学拥有令人羡慕的文具，他心中难免产生羡慕与不平。当他终于在县城中学成绩领先时，却因缺少高档文具而感受到人与人之间的差距。进入北京的名校后，他的成绩不再突出，目睹城市同学的优越生活，他再次感受到人与人之间的差距。然而，留学美国的经历却让他彻底改变了看法。在异国他乡，他突然发现所有的忌妒与自卑都烟消云散了。

这个转变的关键在于：换一个角度看问题，就能发现一个全新的世界。问题的关键并不在于问题本身，而在于我们如何解读和处理这些问题。多角度审视问题能够让我们捕捉到被忽视的信息、思考被过滤掉的问题，从而从更多层面去剖析问题的本质。

经历的为我所用，过去的铸成铠甲

随着我们逐渐调整心态和思维方式，会渐渐发现，改变思维方式并不难。难的是接下来，我们能否在必要的关头将过去经历的一切为我所用，铸成坚实的铠甲。

世间万物本就一体两面，如同老子哲学中的阴阳调和。幸运与不幸往往如影随形，那些看似不幸的经历，背后可能隐藏着意想不到的转机。正如弘一法师所言："你以为错过了是遗憾，其实可能是躲过了一劫。"我们不应被命运所左右，而应成为自己人生的编导。即便剧本并非尽如人意，但演绎的方式、如何赋予角色生命，完全取决于我们自己。

让一切发生转化为成长的养分、生命的礼物

在变化多端的世界里，每一件小事都隐藏着深邃的因果联系。事情一旦发生，便成定局，无法更改。然而，当我们坦然接受那些出乎意料的结果时，也就获得了面对生活挑战的勇气与力量。真正的内心坚韧，源于能将生活中的所有际遇都转化为自我成长的养分。

有这样一则寓言：一位农夫播下种子后，便日日祈祷风调雨顺，以求五谷丰登。上天听到了他的祈求，赐予了庄稼细致的呵护。果然，田间的作物比以往任何一年的长势都要好，农夫满心期待着即将到来的丰收。然而，当秋天到来时，收获的却是干瘪的果实。农夫含泪向上天求解。"因为你的庄稼未曾经历任何风雨。"上天如此回答。

人生充满变数，世事难料。面对挫折，我们的第一反应往往是逃避和拒绝，不愿正视现实。但回避苦难，也就意味着失去了完整的人生体验。

王阳明曾被贬至环境恶劣、瘴气四溢的龙场。许多人在此地沉沦，甚至因病而亡，但王阳明选择在此开垦土地、静心修炼。他将所有经历内化为心灵的沉淀，结合自身学识与体验，深刻自省并探寻内心的本真，最终创立了影响深远的阳明心学。这正是历经磨难后的成长与领悟。

生活中的每一次挑战与困境，都能赋予我们心灵的韧性与成熟的韵味。许多深刻的洞见与成长，常常在人生最艰难的时刻诞生。正是这些五彩斑斓的经历，共同织就了我们丰富多彩的人生。

没有经历过挑战，又怎能真正理解人生的价值和意义？生活中的每一件事都有其发生的理由，而摆在我们面前的问题也总有解决的方法。在人生的旅途中，转机无处不在。我们可以把困难看作是攀登人生高峰的必经之路；把挫折当作培育智慧的沃土；把过去的欺骗转化为对未来的警惕，提醒自己要更加谨慎；把曾经的伤害转化为前进的动力，激励自己要更加坚强和独立。总的来说，我们可以让所有的经历都成为推动我们成长的力量，转化为丰富我们人生的宝贵财富。

生命是一段奇妙的旅程，每一步都充满了未知和可能性。我们的目标是让每一次的经历都成为我们的助力：

◎ 从失败中寻找智慧：每一次的失败，都是生活给予我们的反思和学习的机会。我们应该问自己，这次失败给我们带来了什么教训？有哪些问题是我们之前没有注意到的？

◎ 珍惜每一段感情经历：无论这段感情带给我们多少痛苦，它都是塑造我们成为更好的自己的重要资源。我们应该学会从中汲取经验，让每一段关系都成为我们成长的助力。

◎ 把失去的机会看作是未来更好的开始：每一个失去的机会，都可能是为了让我们在未来遇到更好的人和事。我们应该保持希望，相信生活总会有更好的安排。

◎ 培养长远的眼光：我们应该为自己设定日常的小目标，同时也要有一个宏大的生活规划。这样，我们既能够脚踏实地地生活，也不会迷失在琐碎的日常中。

◎ 与世界对话：世界上的每一种事物都有其独特的智慧和能量。我们应该学会倾听它们，从中获取意想不到的启示和指导。

虽然我们无法控制生活的每一个转折，但我们可以选择如何去面对它。我们可以让每一次的挫败和失落都成为我们通向成功的桥梁，让那些曾经让我们痛苦的经历转化为我们前进的动力，让那些曾经让我们心碎的情感塑造更坚韧的自我，让那些错过的机会为未来更美好的相遇埋下伏笔。

世界多变，人生难料。虽然我们的计划常会被生活的变数打乱，但这并不意味着我们无法应对。我们可以灵活调整策略，从历史的经验中汲取智慧，转变我们的方向。你终会发现，每一次的失去，都可能是一个新的开始；每一次的低谷，都可能是新篇章的序曲。

PART 2

所有失败，都是为成功铺路

你是否有过这样的体验：

时间匆匆流逝，我们仍在原地徘徊；工作或许平凡，生活可能乏味，梦想中的生活似乎总是那么遥不可及，我们有时会自我怀疑；渴望爱情，却害怕被拒绝或无法得到回应；面对优秀的人，我们的第一反应往往是退缩；责任越重，内心的期望似乎就越少；周期性地陷入低谷，失望、无力、压抑，有些痛苦深埋心底，难以言说，仿佛一切都失去了动力……

生活中的每一个挑战，都像是压在心头的大山。此刻，北岛的诗句在耳边回响："那时我们有梦，关于文学，关于爱情，关于穿越世界的旅行。如今我们深夜饮酒，杯子碰到一起，都是梦破碎的声音。"

但人生的旅程中，每个人都会经历低谷与失败，仿佛一段黑暗的隧道。

选择放弃，沉溺于悲伤，坐在隧道里哭泣，只会让我们陷入无尽的黑暗之中。而勇敢前行，每一次的失败，都是通往成功的垫脚石。

即使含泪，只要走出去，便是你的成人礼。

成年人的世界，到处都是梦碎的声音

"懂事崩"，这是一个网络流行词，形象地表达出了成年人在崩溃时的无奈与克制。在这个复杂的社会中，成年人即使内心崩溃，也必须保持冷静，不能影响同事、工作和家人。他们只能在无人的角落，短暂地安慰自己。

演员周韵在接受采访时，曾谈及"自我"如何在她的生活中逐渐退居次要位置。这正是许多成年人的写照，他们即使承受巨大的压力，也要努力保持镇定，不给他人带来麻烦。

在生活的重压下，成年人必须学会快速切换角色。前一刻可能还在处理各种纷争，下一刻就要投入到工作中。这种能力并非一蹴而就，而是生活经历所赋予的。

与孩子的相处，更是让成年人重新审视自我与世界的关系。孩子的到来，让他们开始考虑更多，愿意为了孩子去建立和维护各种关系。这种转变不是原则的妥协，而是责任的体现。

我们曾经可能不理解成年人的世故，但当我们成长为有担当的成年人时，就会明白这种变化背后的无奈与责任。

在人际关系中，成年人更加审慎。他们会选择性地参与社交活动，对于不喜欢的场合和人，他们会保持距离。然而，为了家庭和孩子，他们也会变得更加灵活和圆融。

成年人的世界充满了复杂性和多样性，他们的行为背后往往蕴含着深思熟虑。他们不是心性不定，而是在责任与自我之间寻找平衡。这种平衡不仅是对自己负责，更是对家庭和孩子负责。

总的来说，成年人的"懂事崩"并非真正的崩溃，而是在责任与压力面前的一种坚忍与克制。

电视剧《好先生》中有句令人深思的台词说，这个世界上有两种人：一种是为了自己而活，表面看上去张牙舞爪，内心啊无比脆弱；另一种就是为了别人而活，表面看上是很怂，其实内心比谁都坚强。这段话深刻地揭示了成年人世界的复杂性和多样性。

曾有一个未经世事的小姑娘含泪向我倾诉，她厌倦了与那些历经沧桑的"成功人士"交往，因为他们总是情绪稳定到近乎冷漠，笑容背后似乎总隐藏着些许无奈。我完全能理解她所说的"成功人士"是怎样的人。

年轻人的爱情如火如荼，无论距离多远，都仿佛能跨越山海。然而，成年人的爱情却显得更加含蓄和自控，他们懂得适可而止，也学会了独自承担情感的盈亏。

想象一下，一个孩子在电话里向你倾诉所有的委屈，泪流满面，毫不掩饰；成年人，即使在视频通话中笑得灿烂，挂断后却可能默默流泪。这并不是因为他们冷漠，也不是因为社会的磨砺让他们麻木不仁。

事实上，生活对他们来说同样充满挑战，但他们必须继续前进。正如《请回答1988》中所说：大人们总是在忍耐，忙于应对各种生活琐事，他们用坚强的外表来承担岁月的重任。然而，这并不意味着他们不会感到痛苦。

实际上，成年人的崩溃，往往在不得已的一瞬间；成年人的世界，到处都是梦碎的声音。只不过，他们连哭都要躲着，没有被我们撞见而已。

生活实苦，唯有自度

人生之路，充满坎坷，无人能够一帆风顺、轻易过关。那些挫败是成长的烙印，是我们荣誉的象征。谁不是为家人筑起避风港，谁不是为梦想默默奋斗半生？在成年人的世界里，忙碌与竞争并存，经历跌跌撞撞后我们方才领悟：生活虽苦，但唯有自我救赎，方能走出困境。

1. 默默承担，吞得下委屈

在电视剧《最食人间烟火色》中，有一幕触动了无数观众的心弦。女主角司清身为银行职员，为了弥补一笔贷款的损失，她精心打扮去会见客户拉存款。宴席伊始，她便举杯痛饮，以显示诚意。深夜，尽管生理期疼痛难耐，她依旧坚持，醉酒后的呕吐让她倍感痛苦。生日之夜，无人关心，唯有银行的祝福短信陪伴着她。母亲的催婚微信更让她默然流泪。即使再坚强的人，也有无法承受的委屈时刻。有些辛酸，只能独自品味。

难怪有人说，成年人的崩溃是无声的。他们表面如常，笑容可掬，但内心的痛苦已累积到临界点。面对生活的委屈，我们似乎别无选择，只能默默承受。当大连某大型外企裁员的消息传出，老蔡的邮箱也收到了裁员通知，毫无商量余地。已过35岁的他，肩负着沉重的家庭负担：母亲的护理费、女儿的学费、房贷……在回家的车上,他反复思量如何向妻子开口。在车库里,他独坐车中发呆,思考着未来的路。委屈和痛苦,他只能藏在心中,为了家庭,他必须坚强。

在人生的旅途中,每个人都会遭遇伤害、痛苦和委屈。然而,这些困境只是暂时的。学会承受委屈,自我疗愈,才是我们走出困境的良方。

2. 释怀过往,放得下恩怨

"宽恕与遗忘,两者有何区别?""宽恕,是与他人和解;遗忘,则是为了自己解脱。"我们应当学习如何放下过去的恩怨,而不必强迫自己去宽恕。学会用一句"过去了"来解脱自己,避免让宝贵的余生沉溺于过去的泥潭。

在央视热播剧《人生之路》中,高加林和高双星是自幼一起长大的好友,他们的友情深厚到连高考志愿都填得一模一样。然而,高双星的父亲却利用职权将村里唯一考上大学的高加林替换成了高双星,从此两人的命运走上了截然不同的道路。当"替换事件"即将曝光时,高双星和他的父亲选择了向高加林坦白,并主动到公安局自首。高加林对好友的背叛感到深深的痛心。

事情揭露后,高双星受到了应有的惩罚,他失去了一切荣誉和地位,甚至妻子也离他而去。几年后,他选择重新开始,回到老家成了一名教师。而此时的高加林已经成了著名的作家,他在回到母校研学时与高双星再次相遇。最终，高加林选择了宽恕高双星，两人一笑泯恩仇，重拾年少时的友情，一同骑行在家乡的黄土路上。

年轻时，我们追求梦想、热情和激情；而到了中年，我们更应该学会放下和释怀。小慧和阿飘的故事就是一个典型的例子。高中时期，她们是同桌，但阿飘因忌妒小慧的学习成绩而经常写字条诋毁她。这些诋毁影响了小慧的学习，导致她最终只考上了一所普通的二本学校。小慧因此对阿飘怀恨在心，多次在网上和 QQ 上质问她为什么要这样做，但从未得到回应。

多年后的同学聚会上，小慧再次遇到了阿飘。此时的阿飘已经不再是当年那个短发、男孩子气的女孩了，她穿着朴素，身边还带着一个小女孩。小慧试图避开阿飘的目光，但聚会结束时，小女孩走过来递给她一张字条："阿姨，这是我妈妈给你的！"字条上写着："那些年是我对不起你，请原谅我好吗？"小慧的心情难以言表，她回忆起她们同桌三年的美好时光。

小慧终于放下了对阿飘的怨恨。她感到前所未有的轻松和自由。面对过去的伤害，我们总以为报复或出气才能让自己快乐。然而，总是对过去耿耿于怀就像鞋里的一粒沙子，最终只会让自己更加痛苦。我们执着于什么往往就会被什么所欺骗，我们为谁执着就常常会被谁所伤害。

人到中年，更应该珍惜当下、放眼未来，而不是沉溺于过去的纠葛和恩怨中。前半生的对错已经成为定局,没有必要再去翻旧账让自己陷入无尽的烦恼中,爱恨情仇终究会随着时间的流逝而淡化,何必如此执着?时间会给出最好的答案,为过去的事情浪费精力和时间只会给未来增添更多的困扰,人生短暂且珍贵,切莫作茧自缚、自寻烦恼。

3. 坚守初心,抵得住诱惑

罗翔曾说:"这个世界充满了大量的暗雷,就如平静的海面下这暗礁丛生。人很难抵制诱惑,只能远离诱惑,也许我们能够去做的就是远离深渊,远离会召唤我们内心恶魔的声音。"

身为成年人,我们必须为自己的每一个选择承担责任,因为我们的背后,有那些深爱我们、依赖我们的人。因此,我们不能陷入诱惑的陷阱。

在电视剧《婚姻的两种猜想》中,杨争在职业生涯的低谷时期遇到了一个从海外归来、眼光极高的美女上司。她赏识杨争,提拔他为公司副总裁,并向他发出暧昧的信号。杨争未能抵挡住这种诱惑,开始精神上的背叛。然而,当他因诱惑而肆无忌惮地破坏自己的家庭时,才发现这一切背后是一个巨大的阴谋。这位美女上司接近他、扶持他,只是为了在公司出现问题时让他成为替罪羊,以便自己能轻松逃脱。这个故事告诉我们,因一时的贪婪而陷入诱惑的陷阱是真正的愚蠢。

有些人总是这山望着那山高,对赚钱的捷径趋之若鹜,却忘记了世界上没有那么多轻松的成功。

张宇是一个大型企业的行政专员,虽然工作稳定但收入不高。他一直渴望赚些外快。当朋友向他介绍一个所谓的"快速赚钱"的方法时,他心动了。这是一个声称可以通过外汇和数字货币等投资方式快速获利的网站。起初,张宇的投资确实获得了高额回报,这让他沉迷其中,甚至开始忽视工作。然而,好景不长,他的投资开始出现亏损,最终连本金也全部赔光。当张宇试图追回损失时,他却发现这个平台已经消失得无影无踪。

诱惑总是试图阻碍我们前进的步伐,消磨我们的意志和初心,引诱我们一步步走向毁灭。不切实际的幻想只会让我们变得平庸,而放纵自己的欲望则可能带来悲惨的结局。

在春秋时期,公孙仪是鲁国的宰相,他非常喜欢吃鱼。当时鲁国的官员们都争相买鱼送给他,公孙仪却坚决不接受。他的弟子对此感到困惑并询问原因。公孙仪解释道:"正因为我爱吃鱼,所以才不能接受。一旦接受了别人送的鱼,我就必须按照他们的意愿去办事,甚至可能因此丢失宰相的职位。到了那时,谁还会再给我送鱼呢?"

虚荣和攀比是人性的弱点,它们会驱使人们不停地追求物质享受,最终导致身心疲惫。然而,我们应该明白知足常乐的道理,珍惜平凡生活中的点滴幸福。只有坚守初心、远离诱惑,我们才能在人生的道路上稳步前行。

《老人与海》中说："生活总是让我们遍体鳞伤，但到后来，那些受伤的地方一定会变成我们最强壮的地方。"

当你在为过去的遗憾而纠结时，还有许多人正在为明天的梦想而精心筹划；当你在失落与沮丧中徘徊时，也有无数人正在为了生活而竭尽全力。

眼前的生活再苦，也要嚼一嚼咽下去。你的疲惫终将被爱化解，你的纠结总能被时光抚平。

到头来你会发现，世间种种，如大梦一场，醒来又是新生。

失败的路，每一步都算数

莫言说："只有经历过失败的人，才能真正明白成功的滋味。"

在人生的道路上，我们总会遇到各种挑战和困难。无论是工作上的挫败，还是人际关系的复杂，这些都可能让我们感到迷茫和失落。

但当我们观察那些成功的人士时，我们会发现他们身上的共同点——不仅拥有专注、坚韧和决心，更重要的是他们对待失败的态度。对很多人来说，失败就像是一道深渊，让他们陷入自我怀疑和沮丧中无法自拔。他们常常用"我做不到""没人喜欢我"或"我总是失败"这样的负面评价来定义自己，最终选择逃避挑战。

然而，对于那些成功的人来说，失败只是一个开始。他们知道，失败不是终点，而是成功的起点。他们不会因为一次跌倒就选择放弃，而是将失败视为成长的机会。每一次的挫折都让他们更加清晰地看到自己的目标，更加坚定地走向成功。因为他们相信，每一次的失败都是通往成功的垫脚石。

所以，让我们也学会从失败中汲取力量，用积极的心态去面对每一个挑战。记住，失败的路，每一步都算数，因为它们都是我们成长的印记。

每一次失败，都是在为成功铺路

每一次的失败，都是通往最终成功的必经之路。

失败就像是一块磨刀石，不断地磨砺我们的意志，使我们变得更为坚强；它也像是一场彩排，帮助我们在人生的舞台上更加自信地演绎自己的角色。每一次的跌倒与爬起，都是我们成长的见证，都是我们走向辉煌的脚印。

以美国传奇棒球运动员乔治·赫曼·鲁斯为例，他被誉为"棒球之王"，在职业生涯中创下了无数辉煌纪录。然而，即便是他，也曾在比赛中多次遭遇挫败，甚至被称为"三振出局之王"。但鲁斯并没有被这些失败击倒，相反，他将每一次的失败都视为向成功迈进的一步。他曾说："每一次挥空都让我离下一次全垒打更进一步。"这种积极面对失败的态度，正是他成为棒球史上伟大运动员的原因之一。

在一场关键的比赛中，当比赛进入第九局，洋基队落后一分时，鲁斯再次站在了击球区。面对投手的挑战，他前两次挥棒都未能击中球，但这并没有让他气馁。在决定胜负的最后一球中，他集中全力挥出了震撼的本垒打，帮助洋基队成功逆袭，赢得比赛。

赛后，一名记者走向鲁斯，带着浓厚的兴趣问道："在比赛进入第九局，两人出局，且你已经两次挥空的情况下，你当时的压力肯定非常大。你能分享一下你是怎么做到的吗？那时你的内心是怎样的状态？"

鲁斯从容地回答道："我对自己的能力有着清晰的认知，前两次的挥空反而让我更加坚信，下一次我必将击中球。"这不仅仅是棒球比赛中的智慧，更是我们面对生活挑战时应有的态度。没有经历过挫折与失败，又怎能体会到真正成功的喜悦？这正是鲁斯对待失败的哲学，也是我们每个人应当学习的精神。

在美乐家，众多杰出的领导者展现了同样的精神风貌，他们让我想起了棒球传奇赫曼·鲁斯。这些领导者，就像我们团队中的中坚力量，每个人都有着鲁斯那种不屈不挠的精神。他们深知，失败是通往成功的必经之路。尽管他们经历的拒绝和挫折远超常人，但从未选择放弃。因为他们明白，在追求成功的道路上，失败是不可避免的。如果我们能学会像他们一样坚韧不拔，勇于面对失败，那么我们也定能取得与他们相媲美的成就。拒绝和挫败是成功的垫脚石，每一次的拒绝都让我们离成功更近一步。鲁斯的名言"你无法击败一个永不放弃的人"正是我们前行的座右铭。

在创业的道路上，挫折与困难总是相伴相随。有这样一位创业者，在创立自己的企业时，遭遇了多方面的严峻挑战：市场竞争激烈得如同战场搏杀，资金紧张到几乎无法周转，甚至曾经的合作伙伴也选择离他而去。然而，他并未被这些困难打倒，而是选择了坚守阵地，继续战斗。

他将每一次的失败都视为宝贵的教材，灵活地调整商业策略和运营模式。通过持续努力，他的公司终于迎来了曙光，取得了令人瞩目的成就。这个故事告诉我们，失败并不是终点，而是通往成功的必经之路。正是通过失败，我们才能更深入地认识自己，发现问题的症结所在并找出有效的解决方法。

每一次的挫败都蕴含着珍贵的经验教训，它们推动我们不断成长、进步并塑造出更加坚韧和智慧的自我。

失败并不可怕，真正重要的是我们能否从中吸取教训，不断完善自己。只要我们心中的热情不灭，就不会惧怕任何失败。因为这份热情不仅是我们勇往直前的动力源泉，更是我们坚持不懈的信念支撑。

当然，保持积极向上的心态和坚定不移的信念也至关重要。成功除了需要付出努力和耐心之外，更需要我们对自己的能力充满信心，并持之以恒地追求自己的目标。我们要深信自己有能力战胜一切艰难险阻。

此外，当我们有机会获得成功时，不要忘记与他人分享这份喜悦和成就。成功并不仅是个人的荣耀和成就，它更应该被视为一种可以与他人共享、为社会创造价值的宝贵资源。我们应该学会感恩和回馈社会，将个人的成功转化为对社会的贡献。

只有真正经历过失败的人才能深刻体会到成功的甜美和珍贵。只要脚踏实地、稳扎稳打地前行，命运最终会向我们露出微笑并给予我们应得的回报。

一笑了之的事，就别用眼泪冲洗

记得有一次，我因为某些事情心情低落，于是选择了独自踏上一段未知的旅程，去往一个完全陌生的城市。

这次旅行，更像是我为了寻找一个疗伤的角落。

那天，我坐上一辆出租车，在后座上沉浸在自己的思绪中。司机察觉到我的情绪，但他很体贴地没有多问。就在这时，天空突然乌云密布，转眼间下起了倾盆大雨。

"天哪！"我惊讶地说，"这里的雨怎么下得这么突然，一点儿预兆都没有就直接来了一场暴雨。"

司机微笑回应："其实，这只是一片云彩带来的，没什么大不了的。"

我还在愣神儿间，急雨又骤然停止，阳光重新洒落在脸上，一切又回到了和煦与明媚。

司机解释道："我们这里的雨，常常只集中在一片云彩下面。稍微移动一下，就能逃出这片乌云，重见晴朗。"

这番话让我陷入了沉思。

我心中的沉闷仿佛就像一块尖锐而坚硬的冰凌，在某个意想不到的瞬间开始融化，化作清澈的溪水。

人生就是这样。

当我们感到难过时，往往会紧盯着那片乌云，却忽略了天空中其他明媚的部分。当我们陷入悲伤的旋涡时，会闭上眼睛，只关注自己的伤口，却忽视了山间吹过的风、滋润万物的雨声以及家中灯火下亲人团聚的温馨。

那次旅行，让我不仅穿越了乌云，也找到了心灵的慰藉。

一个人最重要的能力就是清理能力

俞敏洪说："一个人最重要的能力就是清理能力。"让今天的不快成为过去，这或许是我们迎接明天的阳光的重要能力。

曾经有一名初中生，在面临中考的关键时刻，陷入了深深的焦虑。他总是在深夜给我发来信息，担忧自己成绩平平，无法在考试中脱颖而出。

他向我倾诉："如果我考不上好的高中，我的人生会不会就像一些大人说的那样，彻底毁了？"

我反问他："你看我写了十几年的文章，从未获得过什么顶级大奖，也没有显赫的荣誉，那我的人生就毁了吗？"

他回答道："当然不是，您的文章深受大家喜爱，我在评论区看到很多人给您留言，这足以证明您的价值。"

我被他的话逗乐了，说："你小小年纪就这么会安慰人，如果你能用安慰别人的心态来安慰自己，就不会有这么大的压力了。"

过了一会儿,他突然回复了一句:"可是人生真的值得吗?"一个十三四岁的孩子,竟然对我说出了这样的话。

我有些生气地敲了敲桌子,对他说:"不要考虑人生值不值得,你要考虑的是你有没有辜负自己的人生。"

很多人总是过于悲观。他们一遇到挫折就拉上窗帘,将自己封闭在黑暗中,越是消沉,越是觉得自己已经无药可救。

但人生是漫长的,怎么可能因为一场考试就彻底毁了呢?真正毁掉一个人的,是那些不断犯错、借机堕落的人,而不是那些在犯错后仍然有勇气拉开窗帘迎接阳光的勇士。

约翰·肖尔斯曾说,没有无法治愈的伤痛,没有不能结束的沉沦,所有失去的都会以另一种方式归来。

虽然我不能保证一切都会绝对平衡,但有一点我可以肯定:对于那些可以一笑而过的事情,我们不应该用眼泪去面对。对于那些不开心、不顺利的事情,过去了就不要再反复回味。

良药苦口,要一口气喝下去,越是拖延,苦涩就越多。伤痛能否治愈,沉沦能否结束,只看你是否愿意翻过这一页。

所以,让今天的不开心到此为止吧!生活就是要你用那一两分的甜蜜去冲淡八九分的苦涩。很多时候,面对很多事情,只有当我们选择一笑而过,才能穿越黑暗、重见天日。

翻越通往成功路上的三座大山

在追求成功的旅程中,我们总会遇到各种挑战。当泪水被拭去,我们重新踏上征程时,常常会发现有三座难以逾越的大山——挫败、操控以及不可避免的逆境。那么,我们该如何跨越这些障碍呢?

成功不是未来的某个终点,而是逐渐塑造未来的过程

在这条充满挑战的道路上,每个人都可能面临着重重考验。这些考验如同凶猛的野兽,让许多有志之士望而却步或者半途而废,甚至有些人在困境中苦苦挣扎,无法自拔。

关于如何持续积累,人们往往觉得这是一项艰巨的任务。有时,我们并非缺乏坚持下去的勇气,而是感到力不从心或者找不到合适的方法来应对。但仔细分析后会发现,那些经常遇到的难题,其实并没有我们想象中那么可怕。当我们身处其中时,往往只是被困境所迷惑,而未能看清真相。

1. 失败一次就放弃

在初次遇到挫折时,人们很容易对自己失去信心,认为自己缺乏某种天赋或能力,因此害怕再次尝试,担心会再次受到打击和内心的困扰。

有市场研究指出，多数成功的商业协商往往是在第四到第十次的沟通中达成的。这告诉我们，如果我们在第一次失败时就能明白，成功可能需要经历数次失败，那么成功看起来就不会那么遥不可及。

以小林为例，他一直对摄影充满热情，买了一台专业相机后，开始热衷于拍摄各种风景和人物。但初期，他发现自己拍出的照片总是不尽如人意，与他在网上看到的专业作品相去甚远。这让小林倍感沮丧，甚至开始怀疑自己是否真的适合学摄影。

在一次与朋友的聚会中，他提及了自己的困惑。朋友笑着说："何必这么为难自己？随便拍拍不就好了？"听到这话，小林更加失落，感觉自己的努力似乎都被否定了。

但几个月后，小林决定重新开始。这次，他不仅更加努力地学习摄影技巧，还加入了一个摄影群，与其他摄影爱好者交流经验。在经历了无数次的失败和尝试后，小林终于拍出了一些令自己满意的作品。

我们应该学会从宏观的角度看待自己的每一次努力，就像是在建立一个反馈系统，这样我们就不会因为一时的失败而丧失信心。

很多成功导师都建议，面对挑战时，除了需要正确的方法和足够的毅力外，还需要保持积极的心态。只有真正愿意付出努力并坚持下去的人，才有可能穿越黑暗，迎接成功的到来。

当失败成为我们学习的机会时，它的价值是无可估量的。真正理解这一点的人，不会轻易被失败打倒。

2. 过度掌控的代价

心理学家曾指出："生活中总有些事情是我们可以掌握的，有些事情则不是。了解这一界限并学会区分，是实现内心平静和工作效率的关键。"

在热播剧《新闻女王》中，女主角文慧心为了获得第一手资讯，不断推动她的团队走出舒适区，甚至使用极端手段与对手竞争。然而，这种极端的做法却带来了不小的麻烦：一位队员因擅自破坏他人车辆以获取录像资料而违法；另一位则冒险进入火灾现场拍摄，危及自身安全。

这些事不仅损害了公司的形象，还引起了相关管理部门的强烈不满。尽管文慧心因其出色的新闻敏感度而屡获殊荣，但她的职业生涯似乎总是受到某种隐形的阻碍，每当升职的关键时刻，总会有意想不到的问题出现。

某次团队聚会中，文慧心突然明白，自己的成功和强硬手段可能已经引起了同事的不安和忌妒。这成了她职场发展的瓶颈。

从那时起，文慧心开始转变工作风格，不再片面追求速度和突破，而是更多地考虑团队成员的感受，采取更为温和的管理方式。这种转变带来了意想不到的好效果。

她深刻地体会到：强行取得的成果往往隐藏着潜在的风险，而平衡和谐的处理方式则能为未来的成功打下坚实的基础。

明确自己能够掌控的范围，既是一种自我认知的觉醒，也是对外部环境的适应。当我们放下过多的执念，便能更加专注于自己的核心优势，发挥出最大的价值。

短暂的激进或许能带来一时的成果，但长远来看，它只会让事情变得更加复杂和难以预料。

3. 逆境中持续成长

在人生的征途上，我们时常会遭遇一些看似挫败的时刻。然而，正是这些经历塑造了我们，让我们在不知不觉中达到新的高度。但令人遗憾的是，许多人在碰到挫折时，会选择自我设限，从而限制了自身的成长。

有这样一则发人深省的寓言：一棵历经风雨的梨树终于开始结果。第一年，它结出了十个梨，九个被采摘，只剩下一个给自己。梨树对此感到非常沮丧，于是它决定限制自己的成长，不再努力结果。

到了第二年，它仅仅结了五个梨，四个被摘走，留下一个给自己。梨树自我安慰道："去年我留下了10%，而今年我留下了20%，我的收获增加了一倍。"这样的想法让它的心情稍微平复了一些。

但梨树原本可以选择另一条路，那就是不断地成长。例如，第二年它可以努力结出一百个梨,即使被摘走九十个,也还能留下十个。甚至,即使最后只剩下一个梨,它仍然有继续成长的机会,期待第三年能够结出更多的果实。

我们应该学会保护自己的内心,以乐观的态度面对生活的压力,不让内心的纷乱影响到现实生活,避免一系列负面连锁反应的发生。

最重要的是,我们绝不能因为他人的影响而放弃自己的成长之路。只有勇往直前,我们才会发现,过去那些看似无法逾越的障碍如今已变得不再重要。那些曾经的失去,最终都会转化为宝贵的经验,推动我们不断前进。

失败只是追求过程中的一部分,不必对自己过于苛责。行动和选择需要有针对性与节制,不必过分强求。不断成长才是人生的关键,绝不应轻易为自己设限或阻断前行的道路。于逆境中持续成长,成功必将如约而至。

别只听建议，请敲敲你心

在迈向成功的过程中，我们时常被外界的声音所包围。这些声音或许来自经验丰富的长者，或许来自热心的朋友，他们给予我们各种各样的建议和意见。然而，在倾听这些外来声音的同时，我们更应该学会敲敲自己的心门，聆听内心的回响。

不断"内省"，让挫折为成功铺路

当我们明确了自己想去的方向，就需要勇往直前，不畏艰难。但在这个过程中，我们也要学会不断"内省"，审视自己的行为与决策。内省不仅能帮助我们认清自己的优点和不足，还能让我们在面对挫折时，更加冷静地分析原因，寻找解决方法。

曾经有一个孩子，没有稳定的家庭教育环境，在校园中也常常与同学发生冲突，后因经济原因从大学辍学。然而，这个孩子后来却成了苹果电脑公司的领军人物，他就是乔布斯。

从大学退学后，乔布斯来到纽约，供职于雅达利电视游戏机公司。1976年4月，乔布斯与史蒂夫·沃兹尼亚克、龙·韦恩勇敢地踏上了创业之路，共同创办了苹果公司。但创业路上并非一帆风顺，1981年，由于乔布斯的决策失当以及美国金融风暴的冲击，公司遭受了重大损失，乔布斯个人也陷入破产。

1985年，因公司内部权力斗争，乔布斯离开苹果公司。

真正的成功人士与平凡人的区别，在于面对重大挫折时的反应。乔布斯在离开苹果后，并未选择逃避或放弃。相反，他在困境中深刻反思自己的决策失误，即便在生活最艰难的时刻，他依然坚持思考如何重振苹果公司的雄风。

经过近一年的深思熟虑，乔布斯终于找到了解决问题的钥匙——推动电脑进入"个人品牌"时代。他坚信，任何创新只要能服务于每一个个体，都将释放出无穷潜力。带着这个理念，他重新与苹果公司取得联系并提出了自己的复兴计划。经过激烈的讨论，他的想法最终得到了认可，他重新执掌苹果公司。

谁能想到，这个曾被学校拒之门外的人，最终会成为新经济时代美国最年轻的亿万富翁，甚至登上《时代》杂志的封面，成为世界瞩目的焦点。他的不断自省与坚持，为他铺设了一条通往成功的坦途。

乔布斯曾说："人如果能够从挫折中站起来，那么就能将经历变成财富；如果倒在挫折中站不起来，那么挫折的经历就是一场灾难。选择灾难还是财富，完全取决于你面对挫折的态度。"

正如英国作家萨克雷所言："生活是一面镜子，你对它笑，它就对你笑；你对它哭，它就对你哭。"当我们选择以微笑面对生活时，我们便能感受到生活的温暖与喜悦，而生活也会以同样的方式回应我们。

面对挫折时，我们不应沉溺于自怨自艾或抱怨命运不公。相反，我们应积极寻求解决问题的方法，从失败中吸取经验教训。这样，每一次的挫折都将成为我们通往成功之路上的宝贵的垫脚石。

记住，心有所向，无所畏惧；挫折铺路，成功在望。

PART 3

所有伤害,都是一种成长

在成长的道路上，我们需要明白一个道理：只有相同频率的能量才能产生共鸣，而那些频率不符的能量，注定无法交融。

当面对挫折与伤害时，提升我们的思维层次显得尤为重要。这不仅能助我们摆脱情绪的泥潭，更能赋予我们俯瞰问题的能力，从而避免与伤害者陷入无意义的争斗和牵绊。

如果我们固守原有的思维模式，很容易沉浸在过去的怨恨与不甘中，难以自拔。然而，当我们站在更高的角度审视全局，洞悉真相时，那些曾经的困扰自然会如春雪般在阳光下消融。

与此同时，当我们深入了解自己的内心并理解他人的想法时，我们会发现，那些曾经伤害过我们的人，他们的行为变得微不足道。因为我们已经站在了更高的精神层面，拥有了更加开阔的眼界。

达到这样的认知高度后，我们会以冷漠和不屑作为对低俗行为的回应。我们不允许这样的人侵入我们的世界，因为他们的行为与我们的价值观背道而驰。就像狮子不会理会苍蝇的嗡嗡声，我们也不会被这些低俗行为所动摇。

拥有这样的念头，我们可以更加专注于自己的生活，将时间和精力投入到更有价值的事情上。我们是自己命运的主宰，有权选择让哪些人进入我们的生活。只要我们坚守自己的信念，那些低俗的人就无法对我们产生任何影响。

现在，你是否已经感受到，那些曾经让你感到委屈和产生负能量的情绪，已经被你内心的强大力量所化解，消失得无影无踪了呢？

世界以痛吻你，你扇它巴掌啊

王勉的音乐脱口秀深入人心，他那句"他都对你不好了，干吗还要对他客气呢"如同醍醐灌顶，唤醒了许多在困境中挣扎的灵魂。结尾的"这世界以痛吻你，你扇它巴掌啊！"更是振聋发聩，让人深感触动。

是的，我们从小被教育要宽容、大度，但宽容并不意味着认可或容忍所有的伤害。对于那些无心的过失，我们可以选择原谅；然而，对于故意的伤害，我们为何还要忍让呢？

在这个复杂的世界中，我们都是第一次做人，生而为人，没有谁必须处处忍让。当有人"犯规"时，我们应该勇敢地站出来，告诉他们：要遵守"规则"。这不是报复，而是正义的回应。

在《脱口秀大会3》中，王勉用歌声讲述了三个故事，让我们看到了面对伤害时不同人的反应。有人选择忍让，有人选择反抗。而反抗并不是为了报复，而是为了保护自己，维护自己的尊严和权益。

在道德与法律的框架内，我们每个人都有权利追求自己的最大快乐，甚至偶尔的"小叛逆"也是可以被接受的。有句话说得好："你的世界，是你内心的反映。"当我们感到软弱时，周围似乎充满了恶意；但当我们坚强起来，世界便展现出它温柔的一面。

网剧《我是余欢水》中有句话令人印象深刻："生活中的很多不幸，其实是我们自己造成的。"余欢水的经历就是这句话的最好印证。

余欢水曾经是一个忍气吞声的人，面对邻居的欺负、同事的轻视、家人的嘲笑和朋友的背叛，他都选择了沉默。这种过度的忍让最终让他失去了家庭、友情和工作。

然而，当癌症的阴影笼罩着他时，余欢水选择了反抗。他不再忍受恐惧和屈辱，勇敢地捍卫自己的权利。他怒踹邻居的狗，制止了扰民的装修噪声，还坚决地向老朋友追回了欠款。

这一系列的变化让余欢水成了一个敢爱敢恨、勇敢面对生活的人。他发现，过去所恐惧的事物其实并不那么可怕，只是因为他曾经太过软弱，才让别人有机可乘。"我已经无所畏惧，你们无法再伤害我！"余欢水的这句话彰显了他内心的转变。这种从长期压抑中解放出来的感觉，是多么的自由和畅快！

不勇敢，如何对得起千疮百孔的自己

缺乏内在的坚忍，伤害可能会将我们推入深渊，甚至使我们一蹶不振。并非人人都能轻松地从创伤中崛起，也并非每次的挫折都会促进我们的成长。因此，我们无须强迫自己去感激那些带来伤害的人和事。

在一次节目中，歌手张韶涵的言论让我深思。她说："听听我的故事吧，可能你会觉得你特别的幸福，我的经历可以带给别人更加勇敢的心。当时其实我身体有点儿不好，比较严重的是心脏出了问题，当我跟我妈要医疗费的时候，她跟我说我们没钱，你能想象我是多么的震惊吗？接下来我就去了催缴中心，一位女孩子她拿了一叠，这么大、这么多的证明给我看。"

说到这里，她有些无奈："所有的一切都不是在你名下，是在你母亲的名下。我回到台北的时候，看到我家外头贴了一个封条，我脑中是一片空白的，我怎么就遇到了这个事，一个人面对了亲情的背叛，我顶多就是只有一个月的生活费而已，然后我有大概两个月不出门，我们家大门口都是狗仔。那个时候雪中送炭的人非常的少，真正在旁边笑你的人非常的多。还好我身边有妹妹，如果没有他们我今天已经睡在路边了。我也经过这样子的一个很黑暗的时刻，我就告诉自己一句话：我绝对要坚强起来，我不可以对不起自己。我要站起来，去面对所有的事情，我就算发生这样的事情又怎么了嘛，有什么好替自己难过的，如果现在不坚强起来，谁会替我坚强起来？不需要去太多地抱怨，因为你的这些抱怨，不是还是自己受吗？所以你抱怨也是一天，你不抱怨也是一天，也是要自己受。那干脆不抱怨，然后甚至更积极一点儿不是更好吗？"

张韶涵的故事告诉我们，真正的勇敢并非感谢伤害我们的人，而是在面对伤害时，选择以坚强的姿态回应，重塑一个更加坚韧的自我。这，才是对得起千疮百孔的自己的最好方式。

勇敢是对自己的尊重，也是对伤害最好的回击。

张韶涵曾坦言："我始终相信人性的美好，不论在事业还是家庭中，我经历了许多挑战。有人说应感激伤害你的人，因为他们使你更强大。但我想说，即使没有那些伤害，我同样会变得强大。我并不感激那些伤害我的人，他们只是警示我，不要成为他们那样的人。"

因此，我们不必对伤害我们的人心存感激，但应从他们的行为中吸取教训，避免重蹈他们的覆辙。同时，更应珍视那些在我们人生旅途中给予我们温暖与支持的人，因为他们是我们成长路上的真正灯塔。

回顾张韶涵的音乐旅程，不仅是《隐形的翅膀》与《欧若拉》这些经典曲目让人难以忘怀，她的作品《引路的风筝》同样给人留下了深刻的印象。这首歌不仅是对她音乐生涯的回顾，更是她人生经历的缩影。

在歌中，张韶涵唱道："我像是跳回到勇敢的十七岁，在风里追着它多无畏，不再怕黑暗中，问迷失的自己我是谁……"这不仅是她对17岁时孤勇追梦的回忆，更是她对过去多年音乐之路的深情回顾。从幼时的困顿到少年的窘迫，从青年的荣耀到挫折，她一一经历，却从未放弃对音乐的热爱。

"所幸音乐看见了我，让隐形的那条线带我穿过远空，让我看见这命运中引路的风。"音乐就像是她生命中的引路风筝，指引她穿越黑暗，追寻光明。而张韶涵的坚韧和勇气也向世界证明，只要心中有梦，无论经历多少风雨，都能找到属于自己的天空。

所以，让我们以勇气回应伤害，维护自己的尊严。不感激伤害，但珍视每一次的成长与历练，因为勇敢不仅是对自己的尊重，更是对伤害最好的回击。

在人生的旅途中，我们难免会遭遇他人的冷漠、嘲笑甚至打击。这些经历或许会给我们带来深深的痛苦，成为我们心中的苦涩回忆。然而，当我们回首过去，会发现过度感激这些伤害，其实是对自我成长的轻视。

当一个人真正变得强大，他会淡然面对过去的伤痕，因为他已经足够坚韧，不会再轻易受伤。

在这个复杂的世界里，我们要明白，善良和宽容是美德，但绝不意味着要惯纵伤害。苦难并非成功的催化剂，它的存在更多是因为生活的无常，而非成功的必经之路。将苦难视为成长的助力，实际上是对自我努力的贬低。

在这个世界上，没有真正的感同身受。因此，我们不应期待那些曾伤害我们的人会真诚道歉。感谢苦难只是一种自我慰藉,我们更应警惕道德绑架。郭德纲曾说:"那种不明白任何情况就劝你一定要大度的人,这种人你要离他远点儿。因为雷劈他的时候会连累到你。"的确,面对伤害和不公,不必委曲求全以取悦他人,而是要坚持原则,捍卫自我,勇敢地说出自己的想法和需求。

正如北岛所言:"卑鄙是卑鄙者的通行证,高尚是高尚者的墓志铭。"在纷繁复杂的人际关系中,我们应保持善良,但也不能任人欺凌。若有人故意伤害你后还装作若无其事,哪怕他们口口声声说着爱,你也无须以歌报之,而是应果断转身,离开这片阴霾。

真正爱你的人,不会轻易伤害你;即使无意中伤害了你,也会竭尽全力去弥补。你的善良,应给予那些真正值得的人。

或许你会发现,无论自己多么努力、多么小心,有些伤害总是难以避免。这时,你应更加珍爱自己,对自己多一些宽容和接纳。

当世界给予你痛苦时,不要只是一味承受。逃避不是解决问题的办法,勇敢地站起来反抗,给世界一个有力的回击,告诉它你并非任人宰割的羔羊。

当你选择勇敢,不再退让,直面生活的不公时,你会发现那些曾让你恐惧的事物其实并没有想象中那么可怕。

当你勇敢地面对伤害,你会发现自己远比想象中更坚强。

最后，分享两句我非常喜欢的话，与大家共勉。

第一句是古希腊哲学家第欧根尼被问及从哲学中学到了什么时，他的回答是："准备迎接每一种命运。"

第二句是中国政法大学刑事司法学院教授罗翔老师被问及人类美德中最高级的词语，他说："是勇敢。当命运之神把你推向勇敢的时刻，希望你能够像你想象中那么勇敢。"

如果心痛，就把心掏出来缝缝补补

"当你压力大到快要崩溃的时候，不要和别人去讲，也不要觉得自己委屈，在夜深人静的时候，把心掏出来，自己缝缝补补，然后睡一觉，醒来又是信心百倍。"这是著名作家余华说的一句名言。这句话就像一把锐利的刀，割破了黑暗中的迷雾，让我们看到了人生的真相。

在我看来，"夜深人静"并不仅仅是对时间和环境的描述，它更深层地反映了一种内心的平静。在这样一个独特的时刻，外界的喧嚣逐渐消退，人们的心灵得以沉静，思绪也随之变得清晰。这种状态下，我们更容易深入探索自我，触及那些隐藏在心底的伤痛与焦虑。

正如诗人海子关于夜晚的诗歌中所表达的："夜，以其独特的方式诉说着，它带着一种深沉而真挚的情感，紧紧包裹着我们的生活。"在夜的静谧中，我们更能敏锐地感知到内心的每一次跳动和颤抖，这种与自我的对话，往往能够激发出我们直面内心、勇敢前行的力量。

"把心掏出来"意味着将深藏的情感和痛苦带到明处，让它们在光明中得以呈现，而非继续躲藏或逃避。在生活中，人们有时会选择封闭自己的内心，可能是因为害怕面对伤痛，或是恐惧直面内心的阴影。但真正的成长和内在平衡，只有在敢于正视并处理这些负面情绪时才能实现。当我们选择展现内心，我们也就是在勇敢地面对自己的弱点、不足以及那些内心的矛盾和挣扎。这是一个勇敢且必要的步骤，能帮助我们更好地理解和接纳自己。

"自己缝缝补补"则是在直面内心痛楚的过程中，通过自我反思和自我疗愈来寻找出路，获得重生。没有人能够一帆风顺，每个人都会遭遇挫折和困境。然而，真正的强者并非指那些从未失败过的人，而是指那些在遭遇失败和困境时能够保持坚韧不拔的精神，勇敢地对自己进行心理调适和修复的人。通过自我疗愈，我们可以逐渐抚平心灵的创伤，增强内心的力量，进而实现个人的内在平衡与成长。

自我修复与疗愈是每个人都应具备的技能

在这个世界上，每个人都会经历心碎的时刻，都会有情绪低落的时期。然而，重要的是我们要认识到，心碎并非生活的终点，反而可能是一个全新的开始。我们需要勇敢地直面这些挑战，坦诚地面对自己的内心并努力进行自我疗愈。

这是一段发生在我周遭、触动我心灵深处的真实故事。

小李，一个平凡的都市白领，每日在都市的繁华与喧嚣中穿梭，承受着工作带来的沉重压力。某日，他忽然感到内心非常疲惫，觉得自己再也无法承受这样的生活重负。因此，他选择逃离，前往一个偏远的所在，期望在那里能找到心灵的安宁。

然而，在远离都市的喧嚣后，他却发现自己的内心依旧空虚，痛苦并未因此消解。这时，他领悟到逃避并不能真正解决问题，唯有勇敢面对，才能找到心灵的出路。

于是，他下定决心回归都市，开始深刻反省并疗愈自己的内心。在反思中，他发现了问题的症结所在：他对生活抱有过高的期望，对自己也过于苛刻。他意识到，心灵的破碎并非生活的终结，反而是一个全新的开始。

带着这份觉悟，他重新审视了自己的生活，并重新设定了人生目标。他不再逃避，而是勇敢地直面挑战。最终，他成功地走出了心灵的阴霾，重拾了对生活的信心。

可见，当心灵遭受打击时，逃避并非解决之道，勇敢面对并自我疗愈才是正确的选择。

在这个快节奏、高压力的现代社会，人们难免会受到各种精神和情感上的困扰，使得心灵承受不小的痛苦。然而，过度依赖外界或他人来舒缓这种痛苦往往不是长久之计。因此，培养自我修复的能力显得尤为重要。

要想学会自我修复心灵的创伤，首先需要深入洞察自己的情绪与心理状态。通过细致地观察自己的情绪反应及思维习惯，我们能够更准确地定位痛苦的根源。同时，坦诚地面对并接受自己的真实感受，不逃避、不压抑，这是走向疗愈的第一步。

其次，建立健康的情绪调节机制同样关键。这可能包括找到适合自己的放松和舒缓压力的方式，如冥想、瑜伽或简单的深呼吸练习。同时，培养一种积极、乐观的生活态度，学会珍惜和感恩，也能显著提升我们的心理韧性和自我修复能力。

最后，不断地学习和提升自我修复的技巧也至关重要。这需要我们持续地实践自我观察、情绪管理和心理调整，同时不断从经验中反思和学习，从而逐步提高自我修复的效果和速度。在这个过程中，我们不仅能够更好地应对生活中的挑战，也能收获一个更为坚韧、健康的自我。

人之一生，你是无人问津也好，技不如人也罢，都要试着静下心来，去做自己该做的事，而不是让烦躁和焦虑消耗你本就不多的热情和定力。即使内心千疮百孔，自己遭遇挫折，也要保持行动的连贯性。

心可以碎，手不能停，就算崩溃，也要拭干泪，微笑转身，继续前行。

适应世上所有温度，无论天气或人心

从容不迫间，常觉来日方长。

但岁月匆匆，时不我待，昔日的温情已然淡去。

我们终迎萧瑟秋风，带着几分落寞，几许期待。

季节更迭中，人们更换了衣裳，也有人更换了内心的炽热与渴望。

秋风起，或许曾经的热情已随风而逝，或许夏日的衣衫已不适宜这秋天的凉爽。

总有人说，我们要学会适应这世间万物的变化，无论是时节的流转，还是人心的莫测。

当我们竭尽全力去爱一个人，去追寻梦想中的星辰大海时，那些无法相见的人，就让他们成为过去；那些难以触及的风景，也不必再抱期望。

执念终有尽时，让逝去的随风而去吧

你们听说过的最执着的人是怎样的呢？

我有一位多年持续咨询的来访者，她大三那年，突然找我借相机。

我好奇地问她："是打算去哪里旅行吗？"

她黯然说道："只是想和他进行一次告别之旅。"

她所说的告别之旅,指的是利用她的奖学金和借来的相机,与她那位在不久前提出分手的男友共度最后一次温馨时光。

我没有试图劝阻她,因为她一直是个很有主见的人。

从一开始,她在那段感情中就显得更为投入。那个男孩似乎并没有那么在意她,只是因为她的无微不至而与她走到了一起。对于他来说,任何新事物都比她要重要得多。

明眼人都看得出来,这不是真正的爱情。她却一意孤行,不断地迁就、小心翼翼地维系着这段感情,然而最终还是迎来了分手。她心有不甘,努力争取了这最后一次的温存。

当她归还相机给我时,身上还穿着那条为了拍照而特意购买的米白色长裙,但双眼布满了疲惫的红血丝。

"现在死心了吗?"我轻声问道。

她默默点头,眼眶里闪烁着泪光。

"我特意请了专业摄影师为我们拍照,"她低声说,"晚上他睡着后,我想修几张照片出来,想让他永远记住我们最后的时光。但当我打开他的电脑文件夹时,发现我们的合照全被删除了,只剩下他的单人照。"

无法挽回的爱情有时真的让人觉得讽刺,没有永恒的承诺,却总有出人意料的结局。

有些爱情,不过是倾尽所有,却只换来对方一句"或许有可能"。

但如果你还珍惜自己,就应该明白,成长就意味着不再做无用功。如果注定要分开,那就应该勇敢地先走一步。

电影《绿皮书》中有一句深刻的台词:"世界上有太多孤独的人,害怕先踏出第一步。"其实,你内心深处早已察觉到你们不合适,只是你害怕成为那个先做出决定的人。被人遗弃的感觉让你变得固执,而和好后的不安全感也成了许多人难以逃脱的困境。

然而,我们必须认识到,有些事情过去了,就真的是过去了。当你试图与他纠缠不清时,你只会让自己陷入更深的困境。就像电影《赎罪》中所说的,很多时候,蒙蔽我们视线的并非外界的假象,而是我们内心的执念。

曾经看到过这样一句话:"不要为一个没有回音的山谷而纵身一跃。"这句话或许能给你带来一些启示。当你再次感到迷茫时,不妨回想一下这句话,它或许能帮助你找回内心的平静和勇气。

生活总是在不断前行,我们需要学会放下过去的执念,勇敢地踏出第一步,去拥抱新的生活。

最近重温《甄嬛传》,其中齐妃与皇帝的互动场面可谓是情感关系中的经典教材。当皇帝意外造访齐妃宫殿,齐妃满心欢喜地换上粉色衣裙,因为在她的记忆中,这是皇帝最爱的颜色。然而,时光流转,皇帝的心意已变,他的目光甚至未曾在她身上停留。

这一幕，不禁令人联想到《大话西游》中铁扇公主与至尊宝的爱情变迁。曾经，她被亲昵地称为"小甜甜"；如今，却变成了"牛夫人"。正如张爱玲在《半生缘》中所言，面对一个不再爱你的人，无论你做什么都显得不合时宜。

我们不应再沉溺于过去的温情，用它来与眼前的现实对抗。那些曾让你在他心中留下深刻印象的细节，如今也可能成为他对你感到厌倦的原因。爱情，总是如此残酷而又现实。

生活中，许多事情开始是美好而令人期待的，结束却往往仓促而潦草。即使你努力纠缠，也很难找回当初纠缠的理由。但请记住，不能因为一个碗的破碎，就放弃了吃饭。

在电影《怦然心动》中有这样一句台词让我深受启发："有些人浅薄，有些人金玉其外、败絮其中。但总有一天，你会遇到一个如彩虹般绚丽的人，他会让你觉得其他人都黯然失色。"

我一直明白自己并非特别幸运的人，但正是秉持着这样的信念，我坚持着，最终有幸遇到了那个对的人。那么，你又在害怕什么呢？

所以，不要过于固执。让那些无法回去的日子成为过去，用一次果断的转身，去证明自己的弥足珍贵。

即使翅膀被折断，也要勇敢飞翔

在人生的广阔天地中，我们每个人都如一颗独特的星星，闪烁着属于自己的光芒。虽然偶尔会被生活的云雾遮掩，但只要内心的光焰不息，我们就能驱散黑暗，照亮前行的征途。就像撒贝宁曾经说过的："若你决定灿烂，山无遮，海无拦。"这句话如同一道晨光，照进了我心灵的窗户，给予我莫大的鼓励和力量，也让我想起了一段难忘的往事。

有一次，好友阿杰半开玩笑地问我："你是不是已经超凡脱俗、无忧无虑，每天只知道咨询和养花了？"我笑着回答："烦恼依旧在，但它们已经变得像星星一样，时而闪烁，而不再是一直笼罩着我。我依然身处这纷扰世界，感受着四季的轮转，体验着生活的点滴。人生之路，有时就像是悬崖边的钢索，每一步都充满了未知，因此即使脚下稳固，也不能有丝毫的懈怠。"

随着时间的流逝，我逐渐领悟到，没有人能够一帆风顺地度过一生，每个人的生活都充满了起伏和变化。即使是那些表面看起来超脱世俗的修行者，他们的内心世界也未必比我们这些在红尘中打拼的普通人更加平静。正因如此，我们每个人都应该具备面对生活挑战的勇气和准备，就像在悬崖边的钢索上行走一样，时刻调整自己的状态，小心翼翼地前行。这样的态度，会让我们在顺境中保持谦逊，避免骄傲自满；在逆境中则能更加坚强，拥有驱散黑暗的力量。

在成长的过程中，父亲经常对我说："孩子，你已经经历过那么多的困难和挫折，现在这些小事又怎么能让你退缩呢？"也有很多人会说："人生除了生死之外，其他的都是小事。"然而，正是这些看似微不足道的"小事"，构成了我们丰富多彩的人生，让我们的心境不断变化。它们或许会让我们面临挑战，或许会让我们在黑暗中摸索，但正是这些经历塑造了我们坚韧不拔的性格，让我们更加成熟和完整。

如果将我的生命以十年为界进行切割，那么，在每一个时间段内，总会有若干意义非凡的事烙印在我心间。这些事往往跌宕起伏，充满挑战，不但考验着我的身心、耐力，而且在某些无眠的夜晚，让我为未完成的事情辗转反侧。但即便如此，我依然要安抚自己的心灵，坚定前行的脚步。

在与时间的较量中，我逐渐明白，除了坦然面对和接受生活的挑战，我们别无选择。无论是心理韧性，还是情绪管理能力，都是我们需要不断培养和增强的能力。尤其是当事情变得无法掌控，或者有更多的人参与进来时，我们更需要保持乐观的心态，积极应对。

回望过去的岁月，我深切地感受到，人生三分靠天命；三分靠机缘；而余下的四分，则完全依赖于我们的努力和奋斗。

从这个角度看，一些当前看似不利的事情，或许在未来会成为我们成长的阶梯。它们不仅锤炼了我们的意志，还提升了我们的心境，使我们变得更加坚韧和成熟。

人的成熟和冷静，往往是在历经风雨、波折之后逐渐磨炼出来的。就像是在漫长的旅途之后，好事常常在转角处等着我们，甚至在最绝望的时候，会迎来希望的曙光。这正是"物极必反""船到桥头自然直"的道理。

然而，面对困境，每个人选择应对的方式各不相同。有人选择倾诉和抱怨，而有人则选择以更积极的心态去解决问题。我曾遇见一位成功的女企业家，她每年都会选择一个幽静之地，独自驾车去释放内心的压力和情感。她的这种方式给了我深刻的启示，让我认识到释放情绪的重要性及其带来的治愈力量。

在人生的道路上，没有人能够一帆风顺地走到底。正所谓"三十年河东，三十年河西"，命运总是变幻莫测。但当我们经历了足够多的逆境和挫折后，我们会更加珍视顺境中的每一次成功和进步，也会更加谦逊和审慎。因为我们深知，在曾经的黑暗中摸索前行的日子，我们的内心经历了怎样的起伏和挣扎。这些宝贵的经历不断提醒着我们，要珍惜现在，勇往直前，在未来的旅途中继续歌唱，踏浪前行。

你是自己的主宰，做自己人生的导演

当你毅然决定握紧人生的舵盘，不再被潮流左右，而是立志成为自己命运的编剧时，你便仿佛化身为一位才华横溢的导演，站在广袤的人生舞台上，准备拍一部只属于你的电影。

在电影中，你既是熠熠生辉的主角，又是运筹帷幄的导演。高山与大海，不过是你壮丽剧目的宏伟布景，它们无法束缚你天马行空的创意，更无法阻挡你向着梦想迈进的坚定步伐。就像那句鼓舞人心的话所说："决心所至，世界将为你开辟道路。"你的行动力、坚毅与决心，将汇聚成推动你勇往直前的强大力量。

在生活的逆境与考验面前，你要以无畏的姿态迎接挑战，因为这些经历都是塑造你、提升你的宝贵资源，是你展现非凡才能与坚毅品质的绝佳机会。在纷繁复杂的人生旅途中，要保持一颗澄澈的心，不被外界的纷扰所动摇，内心始终如一地清晰与坚强。

同时，你要学会在宁静的独处中深刻反省，清晰认识自己的长处与短板，从而锁定前行的方向与追求的目标。唯有深入了解自己，你才能在纷繁的世界中找到独属于你的定位，让你的生命之花在舞台上盛放，熠熠生辉。

不要只是羡慕他人的人生篇章，要勇敢地成为自己故事的编写者。站在人生的舞台上，以导演的身份，创作一部独一无二的精彩剧目。

在生活的巨大舞台上,一个名叫莉丝的女孩,以她的顽强与毅力,书写了一个从贫民窟到哈佛的传奇。面对困境,她怀揣梦想,坚定地追逐着进入哈佛的目标。她坚信:"我对知识的渴望,对最高学府的向往,将驱使我全力以赴,不留任何遗憾。"正是这份决绝与坚持,使她成功挣脱了贫民窟的束缚,踏上了通往哈佛的辉煌之路。

她的故事被载入书籍,更被搬上银幕——电影《风雨哈佛路》感动了无数人。她的经历不仅激励着众多为学业奋斗的学生,更给予了在逆境中挣扎的人们重新站起来的勇气。命运或许并不总是公平的,但每个人都有机会成为自己命运的主宰,用心导演自己的人生。

1. 成为黑暗中照亮自己的那束光

尽管莉丝的童年充满了艰辛,生活在纽约的贫民区,家境贫寒,父母身染毒瘾。她却能在苦难中发现生活的美好,学会坚韧与乐观,以感恩的心态面对命运的考验。

虽然她的父母给她带来了痛苦,但莉丝选择以爱与理解来接纳他们。她铭记着母亲曾给的温暖与关爱,也怀念父亲带给她的快乐与启示。这些珍贵的回忆成为她面对困难时的力量之源,让她在黑暗中寻得一丝光明。

莉丝的故事告诉我们,无论身处何种环境,我们都不能放弃对美好生活的向往和追求。因为总有一种力量能支撑我们前行，那就是对生活的热爱与对未来的信念。我们要效仿莉丝，勇敢地迎接挑战，追寻梦想，用爱与智慧书写自己的故事。

2. 赋予生命价值与意义

在人生的旅途中，我们常听到这样的话："平静地接受不能改变的，勇敢地改变能改变的，智慧地发现事物的多样性。"在母亲离世后，莉丝没有选择沉沦，而是决定自我救赎。她意识到，自己需要为生命赋予新的意义。

于是，她下定决心重返学校，并在两年内完成了四年的高中课程。这项看似不可能的任务，在她惊人的毅力下得以完成。她不仅提前毕业，还以优异的成绩成为班级的佼佼者。这证明了，只要有目标和改变的勇气，就没有什么是不可能的。

在追梦路上，莉丝不仅要努力学习，还要努力工作以维持生活。她每天背着沉重的书包在奔波，但她从不抱怨。因为她知道，这是她为了实现更好的自己所必须承受的。

莉丝的选择表明了生命的价值不在于外界的赋予，而在于我们如何为其赋予意义。正如稻盛和夫所说："在经受磨难的过程中，不断提升自己的品德和人格，才是人生的真正目的和意义。"

3. 拾起改变命运的钥匙

在莉丝的人生中，书籍成了她打开幸运之门的钥匙。通过持续地学习和阅读，她用知识打破了命运的枷锁，实现了从贫民窟女孩到哈佛学子的转变。

莉丝的故事证明了读书的力量。它可以让我们看到更广阔的世界，拥有更多的选择和机会。读书让我们在短时间内汲取他人的经验和智慧，看到更多的可能性，找到自身的价值，并赋予我们面对人生的自信和底气。

无论经历何种挑战，都只是人生道路上的一段旅程，而非决定性的因素。然而，这些经历如同滋养我们心灵的细流，让我们在知识的海洋中不断成长。正如《大鱼海棠》中所说："这短短的一生，我们最终都会失去。你不妨大胆一些，爱一个人，攀一座山，追一个梦。"

在莉丝的故事中，我们看到了一个即使在逆境中也不放弃，即使"翅膀被折断"也要勇敢飞翔的灵魂。她的经历告诉我们，生活中的困难和挫折只是暂时的，只要我们怀揣梦想，坚定信念，就一定能重新长出新的"翅膀"，继续在蓝天中翱翔。

事过千帆，我们都将遇见那一抹温柔月光。

尝遍百味的人，会更加生动干净

张爱玲说："在这个光怪陆离的人间，没有谁可以将日子过得行云流水。但我始终相信，走过平湖山雨、岁月山河，那些历尽劫数、尝遍百味的人，会更加生动而干净。"

的确，步入中年，情感变得复杂纷乱，仿佛一团纠缠不清的线，常常令人心绪不宁。周遭的人和事像旋涡一样交织在一起，让生活变得琐碎而繁杂。在这样的时刻，孤独与无助感常伴左右，我们渴望能有一个可以倾诉心声的人，就像在寒冷的冬天渴望一丝温暖的阳光。但正是这些历练，塑造了我们更加鲜活且纯粹的人生。有时候历经世间百态的人，反而会活得更加鲜活而纯粹。

在经历中成长，在成长中经历

在人生的旅途中，我们既在经历中成长，又在成长中经历。每一次的历练都使我们更加成熟，更懂得如何珍视生活中的点滴。如同树梢的新芽，经历风吹雨打后方能茁壮成长，最终绽放出绚丽的花朵。

随着时间的推移，我们逐渐领悟到一些生活的真谛。这些道理可能浅显易懂，却对我们的人生产生深远的影响。比如，那句广为人知的话："人生短暂，要及时行乐。"它提醒我们要活在当下，尽情享受生活中的每一个精彩瞬间。

2024年5月，一个被网友们称为"胖猫"的年轻人的故事，在网络上引起了广泛的关注和讨论。这个故事不仅让人心酸，同时也引发了人们对爱情、金钱以及个人成长的深刻反思。

胖猫，一个普通的年轻男孩，因为对爱情的执着和无私的付出，成了网友们关注的焦点。他与女友谭竹的感情出现问题，在情感的波折和经济压力下，胖猫选择了跳江自杀，留下了深深的遗憾和惋惜。

据悉，胖猫在与谭竹交往的两年多时间里，向她转账数十万元。然而，他的付出并未换来长久的爱情，反而因此失去了生命。

年仅21岁的胖猫因感情受挫而走上绝路，这一事件不仅令人扼腕叹息，更引发了我们对于情感关系、心理健康以及生命价值的深层次思考。

胖猫的遭遇首先让我们审视恋爱关系中的公平与尊重问题。在一段健康的恋爱中，双方应当是平等的，彼此尊重，共同前进。

在人生这段说长不长、说短不短的旅程中，有时候，我们会被自己的情绪所困，感到迷茫与不解。面对内心的混沌，我们不知所措，仿佛置身于一个无形的迷宫之中。这种内心的纷扰，就如同一场无法预知的暴风雨，让我们无处躲避。然而，环顾四周，每个成年人的生活都充满了不易。他们如同冬日里的树木，虽然饱受风雪摧残，但依然坚韧地屹立不倒，期待着春天的到来。

在这漫长而又短暂的人生旅程中，我们会经历无数的事情，遇见形形色色的人。每一次的遇见，每一次的经历或伤害，最终都会成为烙印在人生成长轨迹上的墓志铭。遗憾的是，胖猫已经失去了二次成长的机会，无法再领略大海的壮丽与深邃。但每一个人在这个世界上都是独一无二的，都值得被世界温柔以待。只不过，在爱的路上，更多的应该是相互尊重、扶持与成长，而非以爱之名去利用、去伤害。

如果成长注定伴随疼痛，我们更应该学会在这疼痛中得到力量与智慧，待受过的伤长成疤，会开出无比美丽的花。

PART 4

所有孤独,都是一种沉淀

在人生的旅途中，我们或多或少都会经历孤独的时刻。这些时刻可能源于工作、学习或是生活的各种变化，使得我们不得不暂时离开熟悉的人群，独自面对挑战。然而，正是这些孤独的时光，无形中促成了我们的成长，塑造了更加独立、坚韧的我们。

提及村上春树，人们自然会联想到他笔下那个充满孤独与探索的小说世界。他的作品宛如一面镜子，不仅映射出我们内心深处的孤寂，更以一种独特而深刻的视角向我们传达了一个信息：孤独并不可怕，它反而是自我发现和成长的宝贵时光。

村上春树在创作过程中找到了属于自己的精神家园，他并不惧怕与外界的隔离。因为他深知，孤独并不等同于寂寞，而是一种向内探寻、聆听自我内心声音的机会。他通过作品告诉我们，在孤独中，我们能够更加清晰地认识自己，进而发现潜藏的力量。

孤独并不意味着要与世隔绝。相反，它教会我们在喧嚣中保持内心的宁静，让我们在独处时汲取力量，成长为更加优秀的自己。当你学会了在孤独中寻找力量，你会发现，自己已经不再惧怕孤寂。

面对孤独，我们无须逃避或恐惧。尝试去接纳它、理解它，甚至爱上它，你会发现孤独其实是一种难得的享受。在孤独的时光里，我们可以感受到岁月的沉淀和时光的静谧，也可以在这个过程中找到那个真实、纯粹的自己。

成年人的孤独，是一种生活的沉淀

孤独，这种难以名状的情感，如同深海中的暗流，无声无息地渗透进我们的生命。在这个飞速运转的世界里，人们忙于奔波在各种工作、社交与娱乐之间，仿佛只有热闹与忙碌才能填补内心的空虚。然而，当夜幕降临，一切喧嚣归于沉寂，孤独感便如潮水般涌来，将我们包裹在无尽的静谧之中。

孤独是人性深处的一部分，它源于我们对生命和存在的深刻思考，源于我们终将独自面对生命的终极归宿。小时候，我们或许在亲人的呵护和朋友的陪伴中未曾深刻体验孤独，但随着岁月的流逝，我们在成长的道路上逐渐领悟到孤独的真谛。

在成长的旅途中，我逐渐认识到，孤独并非身处拥挤环境的产物，而是一种内心的沉静与反思。即便身处喧嚣之中，与朋友畅谈、聆听音乐或观赏电影，当一切归于平静，回到自己的空间，放下手机的那一刻，孤独便悄然降临。这种孤独无法借助外界来消解，唯有通过深入的思考和自我反省才能得到真正的慰藉。

成熟的孤寂，常常在不经意间悄然而至

在某个午后，当阳光悄然洒在书桌上，你蓦然惊觉，这份孤寂已伴随你许久。此等孤独，并非因缺乏爱情或金钱，而是一种心境的转变，是生活经历的深沉积淀。

  人生实乃一场妙趣横生的旅程，倘若你沉溺于忧愁而无暇品味生活，那么你已然错失人生的真谛。

  曾经，我试图逃避这种孤独感。我融入各种社交场合，追求表面的热闹与快乐，企图用外界的刺激来填补内心的空虚。然而，无论我如何努力融入，内心的孤独感却始终如影随形，甚至越发强烈。

  如今我明白，孤独并非一种痛苦，而是一种深沉的甜蜜。在这份孤独中，我看到了自己的真实面貌，更深入地理解了内心的渴望与追求。孤独成了我探索真理、感悟生命的独特方式。它让我有机会与自己对话，聆听内心的声音，从而在纷繁复杂的世界中找寻到属于自己的那份宁静与智慧。

1. 孤独是一种状态，但并不意味着孤单一生

  孤独，虽然是人生中难以避免的一部分，但并不意味着我们必须孤单一生。作为社会性的生物，我们渴望陪伴、沟通与理解。孤独的存在，反而使我们更加珍视身边的亲朋好友，激励我们去寻找那些志同道合的人，一起走过这段旅程。

  在与人相处时，保持自我至关重要。因为在这个世界上，最了解自己的始终是我们自己。学会自律，学会调节负面情绪，是我们在面对孤独时需要掌握的重要技能。

  当孤独感袭来时，我们可以选择读书、观看喜剧片或是漫

步来调节心情。同时，尝试投入自己热爱的活动，如绘画、音乐或摄影，这些都能帮助我们转移注意力，让心灵得到滋养。

当我们勇敢地面对孤独，开始自我对话时，内心会展现出更加丰富的层次。在静谧中享受孤独的人，如同经过沉淀的山泉，清澈而纯净；在外奔波却内心坚定的人，则如同奔流的河流，永不停息地前行，却始终保持着自我。

孤独是人性的一部分，无法避免。因此，我们应该学会接受它，并在孤独中不断成长和成熟。通过与自己对话、学会自律和自我解压，我们可以成为更好的自己。

2. 孤独超越了心境的层面，更是思维深度沉淀的体现

物质的匮乏可以轻易得到补充，然而心灵的空虚却难以轻易填补。从对孤独的恐惧到学会享受孤独，这不仅是一个循序渐进的过程，更体现了生活的深层艺术。

孤独，需要我们去细细品味。在急于从起点赶赴终点的旅途中，我们的思考往往会因此停滞。生命，从生到死，看似是一条直线。但若我们始终忙碌奔波，那么生活的精致与绚烂或许就会从我们的指尖溜走。

让我们放缓脚步，独自踏上一段旅程，即便是在绵绵细雨中漫步，也能领略到孤独的独特韵味。在这样的时刻，我们的思绪得以自由飞翔，对生活的理解也因此更加深刻。

即便是与最亲近的人紧紧相拥，孤独感仍然可能涌上心头。

这种孤独让我们认识到，人与人之间，无论感情多么深厚，都无法实现真正的融合。正如柏拉图所说，人总是在寻觅自己的另一半，但往往难以找到真正的契合。

在追求完美的文化氛围里，我们或许会短暂地沉浸在找到理想伴侣的幻觉中。但当我们恢复清醒，就会明白，个体的孤独感是不会因为他人的存在而消失的。

然而，这并不意味着我们的生活中缺乏爱。相反，在保持个体独立的基础上，爱会显得更为深沉与理智。它不再是短暂的陶醉，也不是过度的依赖，而是一种深厚的相互扶持。

当我们以独立的个体身份出发，相互的依靠不会沦为依赖。因为我们深知自己能够独当一面，所以对家人、朋友和伴侣，我们感受到的是一种遇见知音的喜悦，而非盲目的沉醉。这样，我们所建立的关系也将更为稳固。

在当今社会，伦理孤独成了一个难以面对的问题，因为它常被爱的光环所遮蔽。爱，无疑具有强大的吸引力，但要健全地面对个体的孤独，我们需要理智地审视并处理不适当的爱，从而为孤独保留其应有的空间。

孤独的空间，不仅仅指的是独处，更涵盖了心灵上的自由与放飞。即便面对最亲密的人，我们也应保留自己孤独的角落。这是生命中宝贵且美妙的部分，值得我们将其珍藏在心灵的抽屉中，不一定要打开它。

每座孤岛，都被大海拥抱

　　航海者沿着指南的指向稳步前行，捕鱼人遵循四季的法则扬帆出海。窗外，大海的调色板绘制着无尽的蓝，海风则如一张温情的明信片，轻抚着每个人的心弦。在我们的内心深处，或许都藏有一片既孤独又自由的"大海"。每当夜幕降临，我们便悄然潜入其中，探索自己的内心世界。然而，有时我们又会因为沉浸得太深，而开始怀念"陆地"上的温暖灯火。大多数人的一生，便在这"海洋"与"陆地"之间往复穿梭。

　　在这个复杂多变的世界里，我们常常在自我设限与突破常规之间徘徊。每个人都是独一无二的个体，却又生活在这个高度社会化的空间中，被无数的信息和连线所包围。我们身处喧嚣之中，却也常常感受到孤独的侵袭。

　　倔强的我们，就像一座座孤岛，在生活的海洋中独自矗立。我们总是试图掌控自己的人生方向，成为自己命运的舵手。然而，在这个信息爆炸的时代，我们的情绪很容易被繁杂的信息所左右，心神也常被外界的评价所扰乱。懊恼、浮躁、沮丧……这些情绪如同潮水般涌来，让我们陷入迷茫。

　　但每当我们静下心来反思，为什么会感觉自己像被一双"无形的手"牵引着走呢？于是，我们开始学会给自己的心灵上弦，提醒自己少管闲事、少评头论足、少察言观色。我们努力摆脱容貌焦虑的束缚，拒绝随波逐流，不在不平等的关系中沉沦，更不与那些负面的人和事纠缠不清。

然而，即使我们如此努力，焦虑和抑郁的情绪仍会不时地蠢蠢欲动。当我们感到疲惫和厌倦时，总渴望能在某个港口停泊片刻，哪怕只是短暂地歇息和喘息。我们渴望找到一个可以依靠的怀抱，闭上眼睛享受那难得的温馨与眷恋。这便是生活，一场既孤独又自由的航行。

在海的另一端，或许存在一个朦胧而神秘的彼岸。在那里，我们可以尽情编织最温暖的梦境，容纳世间所有的匆忙与繁华。而我们作为自己情感的诠释者，去品味每一份平凡中的喜悦：可能是一顿色香味俱佳的美餐，可能是一次与老友的重逢，可能是一场说走就走的探险，可能是一个自我满意的妆容，也可能是一场运动后的酣畅淋漓。

当我们感到迷茫或无所适从时，愿我们都能沉浸在书海中，寻找智慧的火花；结交一两个知心的朋友，相互扶持，共同成长。这样的生活，简单而又充实，足以让我们心满意足。

我们都像是夜空中的星辰，明亮而不刺眼，自信而不张扬。我们的眼神中流露出清澈与真诚，这是我们的独特魅力。每当困惑或沮丧时，就让我们独自走向"海边"，感受"大海"的宽广与深邃。"大海"，它是我们最温柔的问候、最包容的怀抱，是我们永远的依靠。

在"海"的怀抱中,我们不再孤单。我们与众多旅人一样,与"大海"紧密相连,共同感受这个世界的温暖与美好。

将孤独视为生命中的一部分,与之和谐共处

在中国的文字里,"孤独"被赋予了独特的意义。孤,代表着独一无二;独,则象征着王者的风范。这份孤独,不是寻求他人的认同或怜悯,而是自我内在的坚定与高贵。

孤独,并非是在心情压抑或失恋时才会出现的情绪,那种短暂的寂寞和空虚,与真正的孤独相去甚远。孤独,其实是一种圆融的状态,是思想者的乐园。当一个人独处时,他的思想是自由的,面对的是最真实的自我。此刻,人类的思想之源得以充分涌流。

叔本华曾言:"在这世上,除了极稀少的例外,我们其实只有两种选择,要么是孤独,要么就是庸俗。"孤独并非无人陪伴,而是内心的富足与独立,是灵魂的盛宴,是思想的翱翔。在孤独中,我们更加了解自己,珍视自己的存在。

现代生活节奏飞快,我们时常在不同的角色中转换,为父母、老师、领导、下属演出。然而,在这些角色背后,我们是否还记得真实的自我?孤独,或许是我们找回自我的唯一途径。

一盏灯,一本书,一个静谧的角落,这便是我们与内心对话的世界。在这里,我们倾听内心的呼唤,追寻真实的自我,体验那份无与伦比的自由。没有精神的寄托,人便如同浮萍般随波逐流。而孤独,正是我们精神的港湾。

曾国藩曾言:"自修之道,莫难于养心;养心之难,又在慎独。"孤独中的修行,是人生的必经之路。在孤独中,我们聆听智慧的声音,感悟生命的真谛。而孤独者,常常是思考者。他们在孤独中探索世界的奥秘,追求真理的极致。

在影视作品中,我们常看到这样的一幕:一个三四十岁的男人,在夜色中独自驾车归来。当车子停在楼下,他熄了火,点燃一支烟,静静地在车内坐上半个小时,沉浸在自己的世界里。对他来说,车内与车外如同两个截然不同的世界。车内的他,是那个孤独却真实的自我,是那个依旧怀揣梦想的少年;而车外的他,则肩负着各种责任与期待,是家庭的顶梁柱,是职场的中坚力量。在这个喧嚣的时代里,每个人都需要一份孤独,需要一段独处的时光,为自己留下一片净土,呼吸一口真正属于自己的空气。有一段独处的时光,寻一个静谧的角落,让自己在孤独中慢慢丰富、成长。终将有一天,你会在别人惊讶的目光中,绽放成一朵别人无法忽视的美丽花朵。如同静谧的湖水能清晰地映出天地万物,当我们拥抱孤独,内心也会变得澄明与平静。尽管内心的纷扰无法根除,但我们可以让它们慢慢沉淀,从而在孤独中觅得一份难得的清明与宁静。

因此，孤独并非消极的代名词，反而是一种催人成长、促人深思的力量。通过静坐冥想，我们更能触及那份内心的宁静，使我们的思考更加深刻和透彻。

马尔克斯的《百年孤独》中有这样一句话："生命中所有的灿烂，终将用寂寞来偿还。人生终将是一场单人旅行。一个人的成熟，不是你多么善于交际，而是学会与孤独和平相处。孤独之前是迷茫，孤独之后便是成长。"

人生，其实就是一场自我探索的旅程。每一次外在的辉煌，最终都会在内心的静谧中找到归宿。成熟，不在于你如何游刃有余于社交场合，而在于你是否能与内心的孤独和解并和谐共存。孤独，起初可能让人感到迷茫，但经历过后，它带来的是个人的成长与蜕变。

烟火的绚烂虽美，却转瞬即逝；真正的光彩，源自内心的平和与自我认知。我们总在寻找那个与自己灵魂相通的人，但终究会发现，最能引发共鸣的，始终是那颗不离不弃的心。

不随波逐流，或许只是外在的表现；真正的孤独，是心灵的独立与解脱。德国作家赫尔曼·黑塞所言极是："对每个人而言，真正的职责只有一个——找到自我。"在纷扰的世界中，我们或许会迷失方向，但孤独，正是那条引领我们找回自我的必由之路。

每个人都有自我救赎的力量

网络上热传的一份国际孤独等级表描绘了不同层次的孤独状态：

◎ 初始级：独自逛超市，挑选生活所需。

◎ 进阶级：一个人走进餐厅，享受独自用餐的静谧。

◎ 咖啡时光：在咖啡馆里，一个人品尝着咖啡的香醇。

◎ 影院独行：选择一场电影，独自品味影像中的故事。

◎ 独自品味：一个人享用热腾腾的菜肴，无须顾及他人口味。

◎ KTV独唱：在KTV中放声歌唱，用自己的方式宣泄情感。

◎ 海边冥想：独自走到海边，听海浪、看天边，与自然对话。

◎ 游乐园探险：一个人在游乐园中找寻刺激与快乐。

◎ 独行侠：无论何处，总是一个人行动，享受自由与孤独。

◎ 终极孤独：生活中大小事务，全都独立完成。

如今，我们的生活越来越像是一张错综复杂的网络。而孤独，不再是某种负面的情感状态，它渐渐成了一种生活常态，被越来越多的人所接受和拥抱。

我们都是孤独的行者，唯有自己能拯救自己

《千与千寻》中说："人生就是一列开往坟墓的列车，路途

上会有很多站，很难有人可以自始至终陪着走完。"在这趟不可逆转的时光列车上，我们都是孤独的旅人，无法回头，也无法改变已经发生的事情。

孤独，并非孤寂的代名词，而是一场个人的狂欢。在独处的时光里，我们暂时脱离了人群的纷争与算计，心境自然变得宁静。此刻，我们得以随心所欲地生活，全身心投入自己的热爱之中。

当一个人静下心来，成功似乎变得触手可及。外界的喧嚣退去，虽然身体独处，但心灵获得了前所未有的自由。如同许三多那般坚韧，你也可以在孤独中开辟出一条属于自己的道路。

在这条路上，没有了纷繁复杂的是非，没有了纠缠不清的牵绊。你可以按照自己的节奏前行，或快或慢，或歌或舞。其实，每个人都在走自己的路，只是在熙熙攘攘的人群中，我们往往过于在意他人的评价和目光。

内心的冷暖，自己最清楚。然而，在人群中穿梭时，我们却常常为外界的言论和看法所左右。这种束缚让我们的心灵备受折磨，甚至让我们在人生的十字路口迷失方向。

但在孤独中，这些问题都烟消云散。独自行走时，我们更能聆听内心的声音，关注自己真正的需求。或许有人担忧孤独会带来孤立，但事实上，孤独是一种力量的积蓄，是自我对话与发现的时刻。

孤独并不意味着无人相伴,而是要学会享受这种一个人的时光。因为在这段时光里,我们可以尽情地感受自己的喜怒哀乐,不受外界干扰。

无论是欢笑还是泪水,都是一个人最真实的情感流露。就像那首歌里唱的:"这些年,一个人,风也过,雨也走。"在孤独中,我们更加明辨是非,无须在意他人的责骂与嘲讽。面对痛苦,我们可以选择适合自己的方式来疗愈,无论是放声哭泣还是借酒消愁,此刻的世界只属于我们自己。

那么,反过来,我们为何说狂欢是一群人的孤独呢?

独自的欢庆,或许是一种彻底的放松;但当人们聚集狂欢,这更像是一种集体的发泄。你是否还记得那些酒吧中昏暗如夜的场景?震耳欲聋的乐声,舞动如魔的人群,他们扭动着身躯,似乎是在借这种方式来释放深藏心底的不快。这样的体验,对他们而言是享受还是折磨,恐怕只有他们自己才能深切体会。

再看那些在KTV中放声高歌的人,真正心情愉悦的有多少呢?他们往往通过并不完美的歌声来表达自己的情感——无论是思念还是怨恨。KTV仿佛变成了一个可以尽情倾诉、以歌代哭的场所。

狂欢,实际上是一群孤独的人的聚集。当歌舞停歇,狂欢终将落幕,留下的只有更深的孤寂和无奈。尽管他们用歌声表达了自己的孤独,但当音乐停止,灯光熄灭,他们又将何去何从?

狂欢过后，每个人都还是要回到自己的路上，独自前行。

在夜深人静的时候，一个人默默地走在回家的路上，狂欢的喧嚣已成过去，留下的只有寂静和深沉的思绪。即使躺在床上，那份激动的心情也难以平复。狂欢之后的孤寂，反而更加明显。

记得小时候，我总是喜欢往人多的地方钻，仿佛那热闹的气氛能给我带来无尽的快乐。但随着时间的推移，我更享受一个人的时光：一杯茶，一本书，或者只是静静地坐着。那首《我想静静》的歌曲，道出了许多人心中的无奈。我们已经过了那个无所畏惧的年纪，有时候，甚至连最亲近的人都无法理解我们心中的那份无奈。那么，我们又该如何去排解这份深深的忧愁呢？

一个人静静地哭泣，一个人偷偷地笑，一个人慢慢地疗愈，一个人慢慢就好了。

一直陪着你的，是那个了不起的自己

卓别林在《当我真正开始爱自己》中说道："当我真正开始爱自己，我才认识到，所有的痛苦和情感的折磨，都只是提醒我：活着，不要违背自己的本心。"所有为了外界的期许而承受的困惑，所有默默忍受的苦楚，都如同夜空中的虚幻星云。当黎明的曙光初现，你真正需要关注的，依然是你内心的声音与追求。

始终与你同行的，是那个了不起的"我"

小瑾是我们这群人中最后一个离开那座繁华都市的朋友。

初到都市，我们每个人都怀揣着无限的憧憬，即使住在简陋的合租房里，也坚信只要足够努力，就能在那里站稳脚跟，终有一天能够带着荣耀回归家乡。

然而，五六年的时间过去，经历了各种起伏之后，大家开始各自寻找新的方向，有的朋友甚至直接回到了家乡，过上了安逸的生活。最后，只剩下小瑾一人坚守在那里。

某次因公出差到那座城市，我约她出来吃饭。一见面，我被她的变化吓了一跳。平日里那个充满活力的女孩，此刻显得有些憔悴，头发也显得有些凌乱。虽然看得出她为了这次见面匆匆补过妆，但脸上依然难掩疲惫。一问之下，才知道她刚换了新工作。

薪水比之前高了一些，职位也有所提升，工作压力却成倍增加。因为加班太多，饮食不规律，她甚至患上了急性肠胃炎。在来见我之前，她刚刚拔掉了输液管。

如果不是我察觉出异样，按照她以前的性格，这些事情她可能一个字都不会提。

我把买给她的食物和饮料塞到她的手里，她推辞着。在送她回去的车上，她一直保持沉默。当她下车后，我朝她挥手告别时，她站在灯光下一动不动。我猜想，当她回头时，眼中一定充满了泪水。

她问我，是不是能看出她现在过得并不好？但她不甘心就这样离开，这些年都熬过来了，总觉得再坚持一下就能看到希望。然而，她并不清楚自己的进度如何。

我叹了口气，问她："那你听过希腊神话中西西弗斯的故事吗？"

西西弗斯被众神惩罚，每天都要将一块巨石推上山顶。但每当他接近山顶时，巨石就会滚回山脚。于是，西西弗斯就在这种无尽的循环中度过了一生。而你，并没有这样的神明来惩罚你，但你让自己陷入了同样的循环。

她沉默了许久，苦笑了一声："我能怎么办呢？你不知道我家乡的人有多看重成功，我得证明给他们看，我得做出点儿成就来，为我妈妈争口气。"

我拍了拍她的肩膀："但你不爱自己，又怎么能更好地爱你的妈妈呢？你不在乎自己的身体和感受，才会让那些无关紧要的人来对你评头论足。"

那次分别后不久，小瑾去了另一座城市。

表面上看似没有太大的变化，依然是在外打拼，依然是在努力工作。

但在那里，她找到了适合自己的工作节奏，也在合适的时候遇到了与她相配的伴侣。

幸运的是，这个曾经为了成功而不顾一切的女孩，终于学会了如何更好地爱自己和生活。如此这般，我们才能守护得了自己。

我想鼓励每一位读者朋友，尤其是女性：当你开始关注自身的成长和学习，每天抽出半小时到一小时来投资自己，你也会迎来属于自己的好运。一个人的福气，是可以通过自我修炼和提升来获得的。

以我自己的经历为例，我不仅是三个孩子的母亲，还是三家公司的负责人，每年直播高达200多场。常有人好奇地问："你忙于事业，那谁来照顾你的孩子呢？"

我的秘诀就是：我与婆婆、姑嫂关系融洽，因此她们都愿意伸出援手帮我照看孩子。也许有人会觉得我运气特别好,但我想说,持久的好运并非偶然。一个人之所以能过得顺遂,不仅是因为运气,更多的是因为他拥有智慧,懂得如何将家人团结在一起,如何合理调配资源。这种能力的背后,需要一颗包容而非计较的心,这样才能吸引众人围绕,共同分担。

虽然每个人的生活环境不尽相同,我的方式可能不完全适用于每个人。

再举个例子,大白是我的一位来访者,她的丈夫多次出轨,每次都被她发现,这让她备受折磨、心力交瘁。我建议她利用假期,带着孩子外出放松一下,同时发掘一些个人兴趣爱好,仿佛生活中没有丈夫的存在。她听从了我的建议,断绝了与丈夫的所有联系,毅然带着孩子和行李踏上了新的旅程。

在那段时间里,她不仅自学了茶艺,还经常邀请朋友一起品茶论道,享受一个人的日子。仅仅过了半年,她欣喜地告诉我:"太令人惊喜了,我丈夫好像变了一个人,他说我变得越来越有魅力,还计划在春节带我们去三亚度假。"

分享这个故事,是想告诉大家,我们往往难以改变他人,但我们可以观察和调整自己。当我们做出实质性的改变时,周围的人也会随之转变。你或许会疑惑,过去一直密切关注他,他却依旧出轨,如果放任不管,他岂不是会变本加厉?

但请想想,多年来与他斗智斗勇都未能改变他,为何还要用相同的方式继续纠缠呢？将所有的时间和精力都投放在监视他人上，而忽视了自己，那么又有谁会来满足你的需求呢？

无论在个人成长还是女性的自我成长中，最关键的是重新"养育"自己，找回自我主导权。将原本放在他人身上的注意力转回到自己身上。稳健地经营好每一天的生活，充分展现自己内在的美好。如此，谁还理会孤不孤独这件事，他人想不爱你都难。

享受孤独，是一种能力

近年来，人们逐渐认识到，群居与独处并非水火不容，而是人生中并存的两个方面。人类本质上是社会性生物。《易经》有云："同人于野，亨。利涉大川，利君子贞。"此言传达了一个深刻的道理：当人们团结一心，共同努力时，即便面临艰难险阻，也能够战胜困难，共创美好未来。然而，在人生的旅途中，孤独亦是不可避免的伴侣。从呱呱坠地到生命终结，我们每个人都必须独自面对生活中的种种抉择。

生活如同一幅画卷，既有明媚的色彩，也有阴暗的角落。我们身处社会之中，与人交往，如同围着篝火手拉手跳舞的孩童。然而，在跳舞时，总会有人离场或换位。当音乐停止，人群散去，我们必须学会为自己点亮一盏心灯，驱散孤独的寒意。

庄子曾言："出入六合，游乎九州，独往独来，是谓独有。独有之人，是谓至贵。"这告诉我们，那些能够耐得住寂寞，甚至享受孤独的人，往往能激发出内在的潜能，终将成就非凡。

曾在网上读到一句话："孤独是人生旅程中的一部分，有些人选择逃避，有些人则选择拥抱。"我深感其言之有理。

在这纷繁复杂的世界里，外在的喧嚣与繁华总会随着时间的流逝而消散。而当一切归于宁静时，我们才会真正意识到，孤独其实是每个人都需要面对的一部分。

不同的人对孤独有着不同的理解，也因此塑造出各自不同的人生。那些能够真正享受孤独的人，往往能在静谧中找到自己的力量，进而在未来的道路上遇见更加优秀的自己。

学会在孤独中寻找力量

孤独并不是生活的例外，而是常态。就像我的表姐，她曾经历过朋友失约，独自坐在空旷的电影院里。那一刻，她感受到了前所未有的孤独。然而，这也正是每一个成年人生活的缩影。随着我们逐渐长大，朋友们各自忙碌，家庭和工作成为他们生活的重心。即使事先约好相聚，也常常因为各种琐事而无法兑现。

《安顿一个人的时光》中有这样一句话："一个人生活，可以是平淡、乏味、停滞不前，也可以是一场充实、美妙、精彩纷呈的冒险。"生活中，我们总会遇到形形色色的人和事，但很少有人能一直陪伴在我们身边。人生就像一场单人的旅行，大部分时间我们都是独自前行。然而，这并不意味着孤独就是坏事。相反，它给了我们一个机会去深入思考、去成长。孤独并不可怕，可怕的是在孤独中迷失自我，封闭内心。

1. 越是孤独的时光，越是增值的好时期

曾在社交媒体上读到过一个故事，描述了一个女孩如何在

孤独中发掘自己的力量，实现自我成长。

故事的主人公是一个刚刚大学毕业的女孩，她离开家乡，独自踏上了深圳的打拼之路。作为一个刚刚步入社会的新人，她面临着诸多挑战，屡屡受挫。然而，她选择了独自承受这一切，不愿让远方的父母过分担忧，也不愿在朋友面前展示脆弱。这段日子，无疑是她人生中最为孤独但也最具挑战性的时期。

为了过上自己向往的生活，她选择了勇敢面对困难，精心规划自己的每一天。每天清晨五点，她便开始阅读各类书籍，观看公开演讲，以此提升自己的认知和理解世界的能力。她总是在口袋里装着笔记本和笔，随时记录工作中的难题和心得，回家后认真整理和反思。为了赢得一份合同，她会彻夜研究客户资料，做好万全的准备，甚至会提前在目标客户门口等待。

五年的时间过去了，她的业务技能得到了极大的提升，成功晋升为公司的业务经理。回顾过去，她笑言，正是那段孤独而富有挑战的日子，让她成长得最快。

现在，她依然享受在闲暇之余独自阅读、运动。孤独不仅塑造了她，更让她找到了自我成长的力量。

这正如《心是孤独的猎手》一书中所言："人越是明白，越是有追求，就越孤独。"而这份孤独，正是智慧的源泉，能让人更清晰地看到未来的方向。

所以，当你处于孤独的时光里时，不妨专注于自我成长，也许你会发现,这正是你变得更强、更所向披靡的时刻。

2. 越享受孤独的时刻,越活得自在自如

在一次访谈中,当胡歌被问及"孤独"的含义时,他淡然回答:"孤独,那是自由的序曲。"而当主持人进一步追问"自由"的定义时,他深思后答道:"自由,便是开始懂得享受孤独。"

胡歌的生活态度正是如此。随着年龄的增长,他更少地出现在媒体的聚光灯下,更多地选择在家中静享独处,或是背起行囊,开启一场说走就走的旅行,甚至在人迹罕至的沙漠中找寻心灵的绿洲。他已不再迷恋都市的繁华喧嚣,而是在孤独中找到了心灵的自由放飞。

许多人步入中年后,会逐渐淡出纷繁的社交圈,不再刻意迎合那些"无关紧要"的人际关系,转而珍视独处的每一刻,努力成为一个精神上的自足者。

有位网友分享了自己的生活体验,引起了广泛的共鸣。每当闲暇之余,他总是远离一切纷扰,专心侍弄自己的兰花、药材和美石。虽然这样的行为让他在人群中显得有些另类,但他从中找到了真实的自我。

那些享受孤独的人,或许在世人眼中是"异类",但正如古人所言,"子非鱼,安知鱼之乐"。他们或许与世俗格格不入,内心却充满了丰盈与自足。

相反,那些看似合群、整日呼朋唤友、生活热闹非凡的人,他们的内心又真正能有几分快乐呢？

叔本华曾言："唯有在独处时，人才能真正地做自己。不热爱独处的人，便是不热爱自由，因为只有在独处时，人才能获得真正的自由。"

与其在低效的社交中迷失自我，不如在高质量的独处中探索内心的世界。孤独，其实是一场与自己灵魂的深度对话。在这个过程中，我们离真实的自己更近了一步。

一个人以怎样的心境对待孤独，就会收获怎样的人生。因此，那些越能享受孤独的人，他们的生活便越能如鱼得水、自在自如。

作家余华在其著作《在细雨中呼喊》中有这样一段话："我不再装模作样地拥有很多朋友，而是回到了孤单之中，以真正的我开始了独自的生活。"

一个人享受孤独的生活，是在孤独中沉淀自己，不再委屈自己，懂得自己所需，以期遇见更好的自己。

愿你我在孤独的时光里，不负此生。

PART 5

所有遗憾,都是一种成全

有时，我们轻易地放弃了那些本值得坚持的事物，却又执着于某些本应放手的过往。面对生活中的遗憾，我们或许会陷入埋怨与苦闷的旋涡。但若能换个角度思考，我们便会发现，所有的遗憾其实都是另一种成全。

当我们错过太阳的光辉，却可能在夜晚仰望星空时，发现那闪烁的星光别样的美丽。一段感情的逝去，或许正是为了引领我们走向另一个更加深爱我们的人。是遗憾教会了我们珍惜现在所拥有的一切，是错过让我们更加奋力地追逐下一个可能，是失去让我们更懂得珍视即将到来的深情。

正如林清玄在《所有的遗憾都是成全》中说：" 关于心、关于生命，没有什么是真正的伤害，也没有什么是真正的好。雨在下的时候可能觉得自己对茉莉花是有好处的，但盛开的茉莉花可能因为一场微雨而凋落了；暴晒的阳光可能觉得自己会伤害秋日的土地，但土地中的种子因为阳光能青翠地发芽了。只要不失真心，没有什么可以伤害我们真实的生命。" 正是这些遗憾促使我们学会看淡、释怀，并激励我们整理心情，重新踏上征程。

相遇总是猝不及防，别离多是蓄谋已久

人们常说，树叶并非一日之间转黄，人心也并非一时之间变凉。事实上，这样的比喻深刻地描绘了人与人之间的情感变化。当我们回顾人际关系的起伏，不难发现，相遇和离别有着截然不同的节奏。相遇，往往突如其来，令人措手不及；而离别，常常是深思熟虑、蓄谋已久的结果。

但我们总是倾向于将重逢的场景想象得无比美好，以至逐渐将这种美好视为理所当然。然而，我们往往忽略了一个重要的事实：重逢，是需要双方共同努力才能实现的。在重逢之前，那些隐秘的情感流动和错综复杂的际遇，是我们难以洞悉也无法掌控的。当重逢的时刻终于到来，它所带来的惊喜或失望，常常超出我们的预期。正是因为重逢的结果难以预料，人们才对离别充满了恐惧，使得离别尤为难以接受。

TA 来自人海，又消失于人海

生活中的相遇往往出乎意料，离别却常常是预先构思的终章。随着时间的流逝，总有一些人会从我们的日常生活中悄然淡出。对于这种变化，我们应当学会从容接受，而不是沉溺于对过去的怀念。

现在，让我们思考一个问题：当男人出轨却不愿离婚时，该如何应对？

在十几年的婚姻家庭咨询中，我经常会遇到这种情况。丈夫出轨后绝口不提离婚，心里盘算着"家里红旗不倒，外面彩旗飘飘"；作为被伤害方的妻子，面对丈夫的得寸进尺却束手无策，身心备受折磨。

我曾遇到过一个来访者小冰，她当年带着丰厚的嫁妆嫁给了一无所有的丈夫。经过夫妻二人多年的共同努力，事业终于有所成就。然而，当丈夫在同学会上与大学时代的暗恋对象重逢时，却擦出了不该有的火花。

事情被小冰发现后，丈夫痛哭流涕地承诺会回心转意，声称妻子和孩子是他最重要的人。然而，他仍与外面的女人藕断丝连。每次被抓到都信誓旦旦地保证，然后继续背叛。小冰已经身心疲惫，于是向我求助。

一方面，我帮小冰分析了他们夫妻之间的相处模式，看看丈夫之所以出轨，是哪些心理、生理需求没有被满足，从而加以改善。另一方面，我鼓励小冰不要一味忍让，要强大自己的心理，明确告诉丈夫自己的底线："想继续过，就和外面的人彻底断掉；不想过，就开始清算财产，我已经咨询了律师并收集了证据来维护自己的权益。"在小冰的坚决态度下，不久之后丈夫便乖乖地回归了家庭。

这种情况还算是理想的，还有很多人深陷离婚的囹圄无法自拔。

有一年春节期间，我遇到了一位男性访客。他满腹苦水地向我倾诉他的婚姻经历。他与妻子结婚仅三年，却常常因为琐碎小事发生争执。前年，因为妻子未经商量就给岳母买了新手机，他大为光火，认为妻子不尊重他。一场激烈的争吵后，他们冲动地选择了离婚。

俗话说，好事不出门，坏事传千里。他离婚的消息很快在单位内传开，各种流言蜚语接踵而至。更糟糕的是，原本有望晋升的机会也因离婚而泡汤。领导认为，连家庭都处理不好的人，难以担当重任。

此后，他感到自己无论走到哪里都备受指指点点，却又无从解释。他逐渐封闭自我，借酒消愁，对生活失去了兴趣。父母心疼他，四处张罗相亲，但合适的对象难寻。他总是不自觉地将前妻与其他女性比较，前妻的影子在他心中挥之不去。

浑浑噩噩地过了一年多，长期的焦虑和失眠开始影响他的身体健康。单位出于关怀，将他调到了边缘部门。在看过我的视频后，他决定寻求我的帮助。

他坦言，从未料到离婚会如此痛苦。原本以为离婚后能更轻松自在，却没想到麻烦接踵而至。

曾经还有一位不到40岁的女学员来找我咨询，她身患乳腺增生和卵巢囊肿。细聊之下，发现这些健康问题的根源在于她与丈夫争吵后的情绪处理方式。每次争执过后，她总是沉浸在负面情绪中，整夜难眠、食欲不振，甚至已经在脑海中上演了一出离婚大戏。然而，她的丈夫却总能像没事人一样，照常生活，仿佛争吵从未发生。

这种情况其实并不少见。男人在处理情绪时，往往能够像鱼一样，拥有短暂的记忆，然后迅速从情绪中抽离。而女人则容易深陷其中，无法自拔。因此，对于女性来说，学会像男人一样管理情绪，停止无意义的情绪消耗，显得尤为重要。

下面这几条建议，请大家要牢记。

1. 多点儿理性，少点儿感性

假如发给你一张试卷，上面全是论述性大题，你会不会疯掉？假如把生活比喻成一张试卷，标准明显的判断题、选择题做起来会更轻松，当然，最后要来少量的感性题目压压阵。在绝大多数的细节问题上，女人要像男人一样，简单粗暴些。

2. 多点儿推理，少点儿脑补

有很多事情确实需要发挥一点儿想象力，但唯独不要在夫妻情感上过度发挥。男人和女人的情感模式完全由两个"厂家"出品，按你自己的模式脑补得越多，离真正的事实就会越远。

3. 多看本质，少看细节

男人给你买了一束红玫瑰，你却计较玫瑰有刺。细节很重要,但如果因为细节毁掉了整件事情,就得不偿失了,你的潜台词是"我很喜欢,但如果换成百合会更好",但他会理解成"既然你不喜欢,以后我什么都不买了"。

倘若你在尝试过、努力过之后,仍然没能等来大团圆结局,也要明白,无论是爱情、亲情还是友情,有些人在我们生活中的停留时间或长或短,但他们的离去或许是注定的。从再次相遇的那一刻起,我们就已经预感到了离别的必然。更令人担忧的是,那些美好的瞬间还未被深刻铭记,时间就已经无情地将我们推向了淡忘的边缘。

那个曾经熟悉的身影,从熟悉到陌生,从清晰到模糊。他来自广阔的人海,最终又消失在无边的人潮中,再也寻觅不到,再也无法相遇。这样的经历提醒我们:这世界上没有谁离开谁就活不下去了,人的一生那么长,我们总要先学会告别一些人,才能见到另一些人。更重要的是,不要辜负当下的时光,珍惜眼前人。

那些失去的，是你本不该拥有的

人们常说，怕什么，来什么。

用心理学的理论解释就是墨菲定律。实际上，在人生的旅途中，我们常常会遇到各种预料之外的事情。这并非现实与我们作对，而是我们的心态和情绪在影响事情的发展。当我们对某件事过于紧张或害怕有不好的结果时，我们的潜意识可能会引导我们做出与担忧相符的决策。要打破这个循环，关键在于学会接受生活中的不如意，允许事情自然发展。

学会接受预期之外的结果

作家毕淑敏在17岁时被派往阿里部队担任医务人员，面对荒凉的高原，她最初也感到恐慌。但她逐渐平复了情绪，选择接受现实并积极生活。在长达11年的服役期间，她不仅在医学上取得了显著的成就，还培养了宽广的胸怀和视野。当被问及如何度过人生低谷时，她简单地回答："安静地等待。"

许多事情一旦发生就无法改变，我们需要学会接受预期之外的结果。只有勇于承担一切，我们才能重新掌握人生的主动权。

《半山文集》中说："一个人能接受的事情越多，越是自由。"每当我们拒绝接受某些事物，就像是在自己周围筑起一堵墙。墙越多，我们越容易陷入迷宫或牢笼。

在这个世界上，得失、福祸总是相伴而生。当我们接受不幸的事情发生时，这些事情就已经成为过去，新的机会正在向我们走来。有时候，我们以为错过了是遗憾，但实际上，这可能是命运在给我们带来惊喜前的考验。

一位粉丝在失恋后深陷痛苦，曾多次试图与我交流，希望从我的心理学知识中获得慰藉。然而，由于时间总是难以协调，我们的交流一直未能实现。最终，在她从九寨沟旅行归来后，她告诉我她已经找到了自己的答案。

在九寨沟的旅途中，虽然失恋的阴影依然笼罩着她，使得她无法专心欣赏周围的美丽景色，但自然的治愈力量悄然发挥作用。在一个不经意的瞬间，她观察到一只小蜜蜂正在花朵上采蜜。那一刻，她的脑海中闪现出一句话："枯萎的鲜花上，蜜蜂只能吮吸到毒汁。"

这个简单的自然场景让她瞬间领悟到了放弃的真谛。她曾寄希望于我能帮助她走出困境，但她最终意识到，解脱的翅膀其实一直长在她自己身上，只要她愿意，随时都可以展翅高飞。

放弃，尤其是在爱情中的放弃，往往充满了挑战和痛苦。爱情在某种程度上复制了我们幼时的亲子关系，那种被重要他人否定的恐惧和痛苦在爱情中可能再次被触发。然而，与童年不同的是，现在的我们已经长大，有了自主选择命运的力量。

当我们深陷爱情时，可能会暂时忘记自己拥有的力量和选择的自由。但当我们重新意识到这一点时，爱情就不再是亲子关系的简单复制，而是获得了真正的自由。这时候，我们便拥有了放弃的勇气，也找到了成长的力量。

村上春树说："我动了离开你的念头。不是因为你不好，也不是因为不爱了。而是你对我的态度，让我觉得你的世界并不需要我。其实我可以厚着脸皮再纠缠你，但再也没任何意义。"明知道没有结果的事，苦苦纠缠，威逼利诱，相爱相杀，最后一定都不会有好结果。

我相信，那位粉丝知道，于她而言，这已经是最好的结果。

相互吸引的人不需要奔跑

人与人之间是有磁场的。有些人，一见面就让你感到亲切，仿佛久别重逢；而有些人则让你觉得疏离甚至不愿与之交往。这并不是偶然，而是人与人之间存在着微妙的相互感应。

在情感的世界里，无论是友情还是爱情，真正的联结都建立在相互吸引的基础之上。你与某人自然而然地靠近，相处愉快，这才是健康的关系模式。而那些需要你费尽心机去讨好或努力维系的关系，或许从一开始就并非真正的契合。

常说"圈子不同，不必强融"。真正的友情，是志同道合，是目标一致，是三观相投。想要了解一个人的品质与追求，观察他的朋友圈便可见一斑。因为人们总喜欢与志同道合者为伍，相互取暖，共同进步。

所以，当你发现与某些人的兴趣爱好、生活圈子格格不入时，不必强求融合。因为磁场不合，强行靠近只会让双方都感到疲惫。真正的友情和爱情，都应该是轻松自然、磁场相吸的。

磁场相吸，同行才不费力

有网友感慨："强扭的瓜不甜，将就的爱情难以长久。"这话说得颇有道理。真正的爱情，应当是两颗心的相互吸引和契合,而非单方面的追逐与讨好。

在美好的爱情中,男女双方是相互倾慕与欣赏的。他们无法抗拒彼此间的吸引力,会自然而然地靠近,互相付出,共同前行。这样的爱情,是轻松而愉悦的,无须费力维系,更无须刻意讨好。

相反,那些需要费力追逐的爱情,往往从一开始就存在着不平衡。一方可能并无多少感觉,只是出于感动或别无选择而接受。这样的爱情,如同建立在沙滩上的城堡,随时可能因一点儿风浪而崩塌。

单方面维系的爱情是脆弱的,它埋下了未来相处的隐患:一旦有更好的选择出现,原本选择将就的一方很可能会毫不犹豫地转身离去;而长时间过度付出的一方,也终会因疲惫不堪而与对方发生矛盾和争吵。

因此,真正美好的爱情,是两情相悦的双向奔赴。只有这样的爱情,才能结出甜美的果实,让彼此在爱的滋养中共同成长。

例如,在寻找人生伴侣的过程中,我们追求的不应是一个遥不可及的梦想,也不是寻找父母的替代品。伴侣是我们人生旅途中的同行者,而非我们过去的影子。

曾有一位咨询者,她与丈夫共度了两年多的婚姻生活。每当丈夫因公出差,她便会陷入深深的焦虑,整夜难眠,反复向丈夫寻求安全感的保证。随着时间的推移,这种过度的依赖让丈夫非常有压力，而她自己也意识到了问题的严重性。

在深入了解她的童年经历后，我发现她的不安全感源自童年的经历。她的父亲是一名警察，因工作原因经常突然离家，这给她和母亲带来了极大的不安全感。最终，父母的离婚和她在乡下的生活经历进一步加深了这种不安全感。

然而，我们必须认识到，婚姻并不是为了寻找父母的替代品，而是为了找到一个可以共同生活的伴侣。当我们把过去的创伤和需求投射到伴侣身上时，我们实际上是在破坏这段关系。因为伴侣无法替代我们的父母，也无法满足我们所有的情感需求。

为了建立健康的亲密关系，我们需要重新审视自己，了解自己的需求和期望。只有这样，我们才能找到真正适合自己的伴侣，共同创造幸福的婚姻生活。

然而，如果我们将婚姻视作爱情的延续，往往容易让人受伤。男人与女人的结合，更像是共同创立一家企业，需要双方齐心协力，共同打拼。在初创期，双方都满怀激情，全身心投入，不计较个人得失。然而，当"企业"步入正轨，"业务"开始繁荣时，人们往往容易变得懈怠，开始关注"分红"与权力，甚至有的会在外寻求新的机会。随着时间的流逝，抱怨和指责逐渐增多，原本的和谐与默契被打破。如若此时再有外界因素干扰，这段婚姻便可能走向终结。

我们在工作中总能保持高度专注和投入，因为有竞争、有监督，稍有不慎便可能面临失业的风险。然而，在婚姻中，我们却往往缺乏同样的敬畏与努力。许多人认为结婚便意味着稳定，理所当然地享受着对方的付出，却忽略了婚姻同样需要维护和经营。把婚姻当作一场事业来打拼，把伴侣视为最重要的合作伙伴，我们会更加理性地面对问题，控制自己的情绪，将更多时间和精力投入到解决问题上。因为我们深知，婚姻的"破产"同样是我们无法承受的。

转变观念，以经营企业的心态来对待婚姻，我们才能更加珍惜这份来之不易的缘分。在人生的旅途中，我们需要找到一个可以携手共进的伴侣。婚姻不仅仅是两个人的结合，更是彼此相互扶持、共同成长的过程。

换种思维方式看婚姻，换个角度看爱情，人只有把婚姻当作公司来经营，才有可能提高自觉性、积极性。

无论结果如何，我们在情感和友情的道路上都应保持理智与谨慎。成年人的自律与自觉，在于不强求任何关系。

对于友情，我们不必强求。即使某人能为我们带来利益，但"道不同，不相为谋"。我们可以选择做同事、同学，或者保持陌生人的距离。因为我们要坚持自己的原则，将真挚的友情留给那些最知心、最懂我们的朋友。

同样，爱情不应强求。无论对方多么出色，只要他们对我们没有兴趣，我们就应利落转身，以朋友、同事、同学或陌生人的身份相处。这样做，我们保留了自尊，也将爱情留给了最适合、最值得的人。

优质的友情和爱情都是稀缺资源，我们应将有限的精力投入到最有价值的关系中去。好的关系，是两个人携手共进，朝着同一个目标努力；而不良的关系，则像是一个人的独角戏，努力却难以触及对方的心灵。

优质的友情引领我们走向积极的人际关系，培养和谐友善的情谊；而美好的爱情，则带领我们迈向美满的婚姻，实现灵魂的共鸣与升华。相反，不良的关系只会让我们在追逐中耗尽心力、疲惫不堪，更别提实现内心的理想。作为成年人，我们应追求双赢的关系，而非陷入内耗的旋涡。

日渐清醒，得失随意

岁月如梭，它以其独有的方式，细细雕琢着每个人的生命故事。尽管人生之路上琐碎与纷扰不断，但我们始终怀揣希望，追寻着那一抹专属于自己的生命之光。

只不过，生活从未设定固定模板，真正的幸福，往往源自内心的知足与快乐。人生旅途无须拘泥于预设的轨迹，最绚烂的风景，往往在于那份随遇而安的潇洒与自在。

曾经，我们以为成长是解决问题的万能钥匙，然而历经世事才明白，成长的每一步都充满了挑战与选择。人生没有标准答案，每一次抉择都是自我成长的见证。

在这条充满未知的道路上，不妨尝试从不同的角度欣赏周遭的风景，你会发现美无处不在；以全新的心境去感受人生百态，你会发现快乐其实触手可及。

古人有言："物物而不物于物。"在纷繁复杂的人生旅程中，倘若我们能学会摆脱对物质的迷恋，不被外界所累，不忧未来、不恋过往，我们便能更加自如地掌控自己的生活节奏。无须惧怕失去，因为那些本不属于你的东西，终究会随风而去。重要的是，我们曾真心欣赏过沿途的花开，那便足矣。

有时遗憾也是一种成全

在《奇葩说》的辩论场上，詹青云就"是否应追随另一半奔赴大城市"的话题，以温婉的言辞讲述了一个个动人心弦的故事。她的叙述不仅打动了他的导师和现场的嘉宾，更是在无数观众的心中激起了层层涟漪。

在人生的旅途中，情感与现实的抉择是我们都会面临的课题。或许你曾在毕业之际，面对恋人追求梦想的渴望与自己回归家乡的愿望而彷徨；或许你曾在异地恋的考验中，为爱与自由的选择而纠结；又或许，在父母的期望与伴侣的职业道路之间，你感到无所适从。那么，在个人的梦想与伴侣的期望之间出现分歧时，我们应如何取舍？

时光荏苒，回首往昔，你是否曾为某个决定感到欣慰或感动？是否曾在夜深人静时扪心自问："为何要在最美的时光离你而去？"

詹青云在备考哈佛的日子里，与男友因未来规划的不同而逐渐疏远。在异国他乡，她独自承受着学业的重压和生活的琐碎，却未曾轻易落泪。然而，当她漫步在波士顿的街头，看到落叶随风飘零，那份对往昔爱情的缅怀与遗憾，却让她泪水盈眶。

当我们沉浸在詹青云的故事中时，我们或许都能领略到那种难以言表的遗憾之美。但人生的玄妙之处在于，有些人一旦错过，便可能永不再遇。

面对选择，我们总会陷入迷茫与挣扎，因为无论走向何方，都可能留下遗憾。

从看这个节目的观众的留言中,我们察觉到一种深层的恐惧,那就是害怕被曾经深信不疑的爱情所遗弃。这种恐惧,像是一道隐形的枷锁,使我们在做选择时犹豫不决,生怕全心投入后却换来一场空。

马薇薇的名言在此刻显得尤为贴切:"最艰难的选择并非在对错之间,而是在两个看似都是错的选项中,挑选一个我们更愿意承受的代价。"这句话如同一把钥匙,开启了我们对于选择与代价之间关系的深度思考。

失去一段感情,无疑会令人心痛。但同样值得我们钦佩的是那些敢于做出选择的人,比如詹青云和热依扎。她们勇敢地选择了内心最渴望的道路,并最终抵达了梦想的彼岸。假如她们当初选择停留,没有勇气去追逐梦想和更广阔的世界,那么现在她们所怀念的,可能正是那些未曾尝试的冒险。

人生就是一场充满选择与遗憾的旅程,但关键在于我们如何看待和处理这些选择。或许在得到某些东西后,我们会怀念那些错过的,但这也是成长的代价,是我们走向成熟的必经之路。

如果说,青春年少时的爱总是充满了梦想的光环与错过的遗憾,那么成年人的婚姻中的真实面或许和年少时我们的想法大相径庭。

例如,大部分人认为,在现代婚恋中,爱与钱,缺一不可,

"谈钱伤感情"这一观念，其实揭示了感情本身的脆弱性，而非金钱的俗气。在许多关系中，对金钱的回避往往成为矛盾的根源。

我发现，一些年轻女性容易被男性低成本的付出所打动，例如一杯奶茶、一束玫瑰，或是简单的约会活动。她们沉浸在浪漫的氛围中，往往忽视了金钱在关系中的重要性。然而，当生活步入实际阶段，例如结婚生子后，奶粉、尿布、医疗、教育等开销变得不可忽视。这时，如果双方没有充分的财务准备和共识，很容易因此产生矛盾和冲突。

在现实生活中，许多夫妻在恋爱时避免谈论金钱，或许是出于面子，或许是觉得俗气。然而，这种做法往往导致婚后因金钱问题而争吵不断，甚至关系破裂。生活是现实的，除了浪漫，更多的是柴米油盐的琐碎。真正的爱情需要双方坦诚相待，包括在金钱问题上的沟通和规划。

作为一名有17年咨询经验的咨询师，我深刻理解每个家庭都有其独特性。但无论如何，"爱"与"钱"都是婚姻中不可或缺的基础。遗憾的是，许多人将这两者视为二选一的问题，而非并列的选项。

因此，如果你即将步入婚姻，我希望你能更加清醒地认识到这一点：在婚姻中，既要谈爱，也要谈钱。只有这样，你们的关系才能更加稳固和长久。可即便如此，依然没人能保证婚姻和爱情的永久性。

人生之路，总是曲折多变，我们在其间穿梭，难免留下一些遗憾的脚印。那些未能触及的梦想，那些失之交臂的机会，虽如同不完整的画作，却也勾勒出了我们成长的轮廓。然而，生命中的失落与错过，常常会在不经意间，以另一种方式回归。我们无法预知，那条未选择的路是否会更加精彩，因为每一个抉择都拥有它独特的风景和历练。

回忆的动人之处，往往源于那些夹杂着遗憾的片段。这些遗憾，就像英雄传奇中的悲壮元素，赋予我们更大的力量，鞭策我们不断前行。最好的年华，或许并不代表最完美的自己，因为成长本身就是一场不断追求卓越的旅程。

放眼望去，无论是在职场拼搏还是在寻觅伴侣，我们实际上在选择那些能与我们共同进步、互相成就的人。没有人愿意停滞不前，因为我们都向往成为更加优秀的人。

世界如此辽阔，人生却如此匆匆。有些人可能一辈子都没有体验过刻骨铭心的爱情，而有些人则在短暂的邂逅中参透了爱的要义。与其平淡相守到老，有时候，带着对对方的爱意，勇敢地开启新的篇章，也是人生中的一段美谈。

拥有是幸事，但失去同样是人生不可或缺的一部分。能够与某人共度一段深情的爱恋，此生便已足矣。如果我们能在彼此的生命中留下烙印，成为对方心中的骄傲，那么这场相遇便是最美的传奇。

你以为的遗憾，其实是上天的另一种成全

相爱容易，因为五官；相处太难，因为三观。今天爱得死去活来，明天恨得咬牙切齿。这是不是大多数夫妻相处的真实写照？

某天下午，一对新婚不久的小夫妻来到我的咨询室。妻子一进门就开始数落丈夫的不修边幅和缺乏情趣；而丈夫则抱怨妻子脾气火暴，常常为小事大发雷霆。

我静静地听着，然后请他们各自列出对方的几个优点，越多越好。

妻子沉思片刻后说道："他虽然有些孩子气，但那种天真有时真的很打动人；他生活上不拘小节，但工作起来一丝不苟；虽然不懂得浪漫，但他对家庭的责任感让我很安心。"

丈夫挠挠头，有些不好意思地说："她虽然脾气大，但那种直率很真实；她固执得可爱，对朋友总是那么真诚；而且她从不记仇，吵过就忘。"

随着对话的深入，两人的表情逐渐放松，最后相视而笑，彼此的不满消失了。他们原本是带着一肚子怨气来的，最后却是手牵手、满面笑容地离开的。

所以说，爱情这道选择题并没有标准答案。没有人能够幸

运地选到一个完美的伴侣。有人可能会被对方的教养所吸引，比如他总会让你走在马路的内侧，对你总是温柔体贴，为你开门、拉椅子，时常制造些小惊喜；也有人可能会被对方的条件所吸引，比如他优越的家庭背景、有前途的职业、出众的外貌。

但最令人向往的，是那种被深刻理解与接纳的爱情。他知道你坚强的外表下隐藏的脆弱，了解你成熟的外表下仍保有一颗童心。因此，他比任何人都更加包容和珍视你，也更能欣赏你的独特与可贵。理想的爱情或许是"你有故事、我有酒"的浪漫，但更现实的爱情则是"你有困扰，我陪你一起面对"的相互扶持。

难怪有人说，生活就是一件蠢事接着另一件蠢事，而爱情就是两个蠢东西追来追去。

在彼此追逐的过程中，如果不小心走散，如果最终还是要分离，要及时自我抽离。

若不能圆满，就接受命运的另一种安排

对于生命中的某些错过，我们往往首先会感到遗憾。然而，有些错过，或许并非真正失去，而是命运的另一种安排，让我们避免了一场可能的悲剧。

清雅是一个温婉的女子，她曾深爱过一位名叫浩然的男子。两人的相识如同电影中的经典场景，那是一个雨后的傍晚，他

们在书店的角落相遇，彼此的眼神在那一刻交汇，仿佛注定了要有一段不平凡的故事。

然而，他们的爱情并未像童话故事般顺利发展。当两人谈到未来时，浩然却向清雅透露了他的担忧：他的父母并不同意他们的关系。更重要的是，他们家与清雅家相隔甚远。浩然告诉清雅，他已经尽力去争取，但家庭的压力让他无法承受。

清雅当时正在为自己的事业打拼，无法立刻放下一切追随浩然。几个月后，她听到了浩然结婚的消息。他说，那是父母的安排，他并不爱那个女孩。

清雅为此消沉了一段时间，甚至开始怀疑自己是否还能再爱上其他人。然而，生活总是要继续的。几年后，清雅也步入了婚姻的殿堂，她的丈夫名叫云天，是一个对她呵护备至的男人。

然而，清雅的心中始终有一个解不开的结。她时常会想起浩然，想起那段刻骨铭心的初恋。这种情绪逐渐影响到了她与云天的关系，两人开始有了争吵和矛盾。

直到有一天，清雅偶然得知了浩然的真实情况。原来，他并不是因为父母的压力而放弃清雅，而是他早已变心，娶了一个家境优越、容貌出众的女子。那个女人是他的青梅竹马，他们从小一起长大，有着深厚的感情基础。在妻子的帮助下，浩然的事业也取得了巨大的成功。然而，他并没有珍惜这段婚姻，依然在外面拈花惹草。

清雅终于明白,她曾经错过的并非是一段美好的爱情,而是一个花心又自私的男人。她庆幸自己当初没有为了浩然放弃一切,否则现在可能会陷入更深的痛苦之中。

如今,清雅开始重新审视自己的婚姻和感情。她意识到,云天才是那个真正值得她珍惜的人。虽然他们之间有过矛盾和争吵,但云天始终包容和理解她。她决定放下过去的执念,好好珍惜现在拥有的幸福。

有时候,错过并非遗憾,而是命运的善意躲闪。不难想象,与那样的男子共度一生,欺骗、利用和伤害或许会接踵而至。在情感的世界里,与这样的人纠缠不清,最终只会让自己陷入更深的困境。

再想想看,如果遇到的是一个更加狡诈、心机深沉的人,那错过他,无疑就是逃过了一场潜在的灾难。因为,许多起初看似美好的人和事,最终可能变得面目狰狞,他们的行为甚至可能让人惊愕不已、后悔莫及。比如那些实施家庭暴力的人,骗取保险的人,卷款潜逃的人,或是隐瞒婚史、病史和黑历史的人……他们起初可能会带给你欢乐和惊喜,会带给你热烈而浪漫的爱情,但随着时间的推移,他们的真实面目——那些危险的、丑陋的一面——便会逐渐暴露无遗。无数事实表明:人生中的某些聚散离合,并不需要去强求;有些人,也不必强求重逢和永恒。尤其是当彼此都已经开启了新的生活篇章,拥有了新的伴侣，就更不应该沉溺于过去的幻想之中。

毕竟，如果当初没有错过，继续在一起，也未必能够一直幸福。谁又知道，与他相伴究竟是缘还是劫呢？所以说，错过一个错误的人，或许正是一种幸运的躲避；而真正应该感到遗憾的，是未能好好珍惜身边那个对的人。

PART 6

所有经历,都是一种风景

在《岁月神偷》的歌词中，有这样一句："岁月是一场有去无回的旅行，好的坏的都是风景。"

我们的人生也是一样，每一步行走，每一段历程，无论悲喜，都是我们生命中不可或缺的风景。

或许你曾在人生的旅途中遭遇过阴霾，经历过工作上的挫折、情感上的失落或是生活中的种种不易。但请相信，正是这些经历，塑造了你我独特的个性和坚忍的意志。

而随着时间的流逝，我们学会了以平和的心态回顾过往，用宽容的胸怀拥抱每一个昨天，不再为过去的遗憾而纠结，也不再因未来的未知而恐惧。

岁月，它既是严师，又是益友。它在我们的生命中刻下深深的印记，也给予我们宝贵的经验和智慧。生命中的高潮与低谷、相聚与别离，都是我们成长的阶梯，每一次的跨越都让我们更加坚强。

即使有时我们会在困境中徘徊，但每一次的挣扎与奋起，都是对内心的锤炼。失败，不过是通往成功的另一条道路；颠沛流离，也终将成为回忆中一道别样的风景。

岁月对每个人都是公平的，它给予我们时间，让我们在成长中蜕变。无论是技能的提升，还是心灵的洗涤，每一年，我们都在向着更好的自己迈进。让我们珍惜这场无法回头的旅行，欣赏沿途的每一道风景，无论好坏，它们都是我们生命中不可或缺的章节。

只此一生，去天地尽头会一会自己

我们只此一生，见自己，见天地，见众生，

或许，我们走了那么远不是为了看风景，而是为了走这一遭，去天地的尽头会一会那个等待已久的自己，与最真实的自己相遇。

当我们踏上这条路，开始见识到这个世界的广阔与多元，同时也开启了理解自我和他人的过程。旅途中，我们会邂逅各式各样的人，历经丰富多彩的生活。而令人惊奇的是，我们所遇见的每一个人，都仿佛是我们灵魂深处的某种投影。

想想看，是不是有些时候，某些人让我们倍感亲切，有些人却让我们想远离？有些人能点燃我们的激情，有些人却让我们心如止水。这其实是因为在与他们的交流中，我们内心的某些情感或记忆被触动了。

因此，每当你遇到新的人，不妨静下心来思考：他们给我带来了怎样的感受？他们是不是在某种程度上映射出了我的某一部分？这样的反思，不仅能帮助你更深刻地认识自己，也能促进你对他人的理解。

更重要的是，通过这种互动与交流，我们能够觉察到自己的盲点和成长的空间。有时，我们可能过于固守自己的观念，而忽略了外界的声音。但当我们遇见不同观点的人，如果我们能保持开放的心态，倾听他们的见解，我们就有可能突破自己的局限，实现自我成长。

无论你遇见谁，都是从遇见自己开始

在人生的旅途中，我们不断遇见各种人、经历各种事，但归根结底，所有的遇见都是从遇见自己开始的。每个人的旅程，本质上都是一场寻找真实自我的探索。因为在这个纷繁复杂的世界里，最重要的关系其实就是你与自己的关系。

要建立起与他人真正深入的联系，活出更加真实、自在的自己，我们首先需要深入了解并接纳自己。这其中，与自己和解是一个关键的过程，它包含了多个层次。

首先，与"平凡的自己"和解。

每个人在出生时都仿佛置身于一个以自我为中心的世界，但随着时间的流逝，我们逐渐认识到自己的渺小。在浩瀚的宇宙中，我们不过是其中的一粒尘埃。然而，平凡并非意味着无足轻重或可耻。相反，它是我们生活的常态，也是我们最真实的状态。

学会接纳并珍视平凡，是一种智慧。在平淡的生活中寻找真谛，于细微处发现生活的美好，这样的人生才算得上完整。当我们被生活磨砺时，仍能保持对生活的热爱和向往，这才是真正的勇敢和坚韧。

与自己的平凡和解,是一种豁达的人生态度。在这短暂的人生旅程中,我们应该学会善待自己,不必过于计较得失,保持一颗平常心。只有这样,我们才能放下心中的包袱,轻装前行,享受生活的每一个瞬间,并紧紧抓住每一次成长的机会。

其次,与"事与愿违"和解。

过去的我,是个对计划极度执着的人,坚信周密的规划是通向成功的必由之路。我严格遵守时间,恪守每一个承诺,日程总是精确划分,每日生活均经过缜密安排。

但这种表面上井然有序的生活方式,其背后隐藏着深深的苦恼和不安。总有意想不到的事情发生:约定好的聚会因朋友临时有事而被迫取消,精心筹备的旅行计划因突如其来的工作任务而被迫搁置,身体微恙时却仍需坚持参加团队活动。

对于计划性极强的人来说,这些变故如同一次次打击。它们扰乱了我的生活节奏,影响了我的心情,甚至让我对周遭的人和事心生怨念。我曾一度深陷于既无法宽恕他人又难以释怀自己的困境之中。

然而,随着时间的推移,我逐渐领悟到,真正的智慧在于学会接受生活中的不确定性,随遇而安,并从中发现更多的美好。事实上,愿望与计划总是与期待和失落相伴相随。但我们需要认识到,这才是真实的人生。当希望落空时,无须过分悲伤;当原定计划被打乱时,也不必惊慌失措。

人生中所有的不如意，或许并非不幸，而是另一种形式的成长与收获。请相信，一切都有最好的安排。

最后，与"无果的努力"和解。

在成长的岁月里，师长们常以"天道酬勤"和"努力耕耘，必有收获"来鞭策我们，让我们深信只要付出努力，成功就会如期而至。但随着岁月的流转，我们逐渐认识到一个人生真相：并非所有的付出都会换来预期的回报。

有时，即便我们倾尽全力，也可能无法触及心中的目标。这背后的缘由纷繁复杂——不同的起点、命运的偏爱，乃至各种意外。

然而，当我们回望人生，往往不是最终的结果让我们刻骨铭心，而是那些路途中的风风雨雨。无论是引人入胜的故事、难以忘怀的往事，还是那些传奇，真正触动我们的，总是那些历程中的闪光点。若因惧怕失败而回避挑战，那样的人生岂非索然无味？

有时候，无果而终也许就是最好的结局。因为过程中的每一个瞬间——无论是欢笑还是泪水，都是我们人生中最宝贵的记忆。在这些光影交错的回忆里，我们逐渐描绘出自己的生命轮廓。

与自己和解，不仅意味着接受努力可能无果的现实，还包括与自身的各种情绪和生活境遇达成和解。每个人都是自己生命的舵手，在指引他人前行的同时，也在探寻自己的方向。当我们开始看见并理解自己时，更需要不断调整自己的态度和步伐。保持一种开放和觉知的心态，而非固守一成不变。

有时，我们与某些人同行，共度一段时光；有时，我们与一些人分别，各自追求不同的梦想，但无论如何，每一次的相遇与分离，都是缘分的巧妙安排。

生命是一场不曾停歇的远足，我们每个人都是路上的行者。总有一天，我们将沿着自己的道路前行，活成自己喜欢的模样！

你若迎着太阳,影子总在身后

人生不可能总是顺心如意,生活总会给我们带来一些挑战和困难。但只要面朝阳光,影子都会躲到身后。

学业的压力、生活的单调、工作的挫败或情感的波折,这些问题就像一团乱麻,让我们感到无从下手。有时,我们或许会躺在床上,望着天花板,感到无比的迷茫和无助,甚至想要放弃。但最终,我们还是会站起来,理清思绪,重新开始。

"重新开始"这四个字,虽然说起来轻松,但真正做起来需要极大的勇气和毅力。

在这个过程中,我们可能会感到烦躁不安,看到手机上的消息提示就感到紧张,听到电话铃声就心生逃避。那种压抑的感觉,仿佛要将我们淹没。

当被问到如何在这种困境中振作起来时,我的建议是,先让自己放松下来,找到自己的舒适区,然后再慢慢寻找前进的方向。当感到疲惫和迷茫时,我不会强迫自己去做一些力所不及的事情。我会选择一个安静舒适的地方,换上我最喜欢的衣服,去附近的咖啡馆享受一杯香醇的咖啡,或者约上许久未见的朋友聊聊天。这些简单的小事,往往能让我找回内心的平静和愉悦。

走出困境并不需要急于求成，给自己喘息的时间

从低谷到高峰，每个人都需要一个过渡的过程来调整自己的状态。当我们感到力不从心时，应该允许自己放慢脚步，给自己一些喘息的时间。每当你感到绝望时，尝试放下所有的负担和期待，让自己真正地放松下来，给自己一些时间和空间去恢复和疗愈。

看完反映知青生活的电视剧《绽放吧，百合》，我的内心久久不能平静，感触颇深。

这部电视剧讲述了20世纪70年代，知青百合在董家庄插队时的遭遇。在经历情变、怀孕和被欺辱的困境中，她得到了同村哑巴董大山的无私帮助和默默守护。面对生活的重重打击，百合选择了坚强，她决定留下孩子，并与董大山结婚。在其他知青纷纷返城后，百合依然坚守在董家庄，与大山共同面对生活的艰辛。

为了治疗女儿的疾病，百合背上了沉重的债务。但她并没有被困境压垮，而是勇敢地走上打工之路，努力偿还债务。在还清债务后，她开始了艰难的创业历程，最终成功地将父亲创立的"百家鸡"品牌发扬光大。

在百合的鼓励和支持下，热爱艺术的大山也取得了成功，曾经叛逆的儿子重返课堂，美丽的女儿则顺利考入了职业学院。最终，百合回到董家庄，与曾经的知青同学们携手共建美丽乡村,并被村民们推选为村委会主任。在这个第二故乡,百合与大山相濡以沫,度过如花般美丽绽放的人生。

在看这部剧的过程中,我不禁想到了另一部文学作品《平凡的世界》。随着年龄的增长和阅历的丰富,尤其是婚后随着孩子的成长,我对现实、爱情和生活的思考也在不断深化。每个人的人生都如同含苞待放的花朵,绽放的时间或早或晚,但终将盛开。

在这个纷繁复杂的世界里,我们都是平凡的个体。虽然梦想总是美好的,但现实往往充满挑战。然而,正因为我们心中怀有理想,并意识到现实与理想之间的差距,我们才会不懈地奋斗。

无论是孙少平还是百合,他们的成长经历都展现了整整一代人对生活的憧憬与无奈。这种情感不仅存在于那个时代,也同样适用于当下。在物质丰富的今天,我们对物质的渴望或许减少了,精神上的迷茫和无助却增加了。

今天,我时常反思自己的追求和信仰,思考如何创造精神上的富足生活。书中和人们的口中常说"人生不该如此虚度",但真正的生活方式应该是怎样的呢?这或许是一个我们终生都在探索的问题。

从《平凡的世界》中,我们获得了关于生活的启示;而百合的故事,同样为我们指明了方向。百合经历了未婚先孕、情感变故、回城无望、教育机会被夺、家庭不认、友情破裂等一系列困境，但她依然坚韧地活了下来。她告诉我们，无论生活多么艰难，只要活着，就有希望跨越每一个障碍。

在百合艰难的人生中，哑巴大山始终默默地守护在她身边，像一座永不动摇的山峰。他的存在是百合最坚定的支撑。

在外界看来，我们或许已经拥有了美好的生活——稳定的工作、和睦的家庭、出色的孩子和相对优越的生活条件。然而，工作的压力和现实的挑战往往使我们无暇真正享受这些。

多年后，当我们退休、老去，我们可以向子孙讲述这些过往的故事，将这些经历视为人生绽放前的准备阶段。

百合最终的情感归宿是大山，那或许不是传统意义上的浪漫爱情，但它最终升华为深厚的亲情。在《平凡的世界》中，每个人内心都有一份深藏的情感，而《绽放吧，百合》则展示了不同形式的爱情悲剧和挣扎。

爱情有时就像手中的沙，握得越紧，流失得越快。很多人都可能经历过"有缘无分"的感情。孙少平是幸福的，因为他和田晓霞的爱情虽然受命运摆弄，有缘无分，但至少他们相爱过。这种残缺的美，也正是爱情的一部分。

然而，在现实生活中，有多少人能找到像孙少平和田晓霞那样的真爱呢？我们都在追寻，也都在路上。

有时候，我觉得孙少安和百合就像是我们身边的熟人，他们的故事触动着我们的心弦。我们或许都曾在某个时刻，感受到孙少安放弃润叶时的无奈和程建明面对爱情与现实的挣扎。他们的爱情故事，没有自私，只有纯真的感情和现实的束缚。

孙少安与润叶的有缘无分，是现实的写照。当两人的生活轨迹渐渐偏离，即便心中有爱，也难以跨越那道鸿沟。一个是都市公务员，一个仍是朴实的农民，身份的鸿沟让他们的爱情变得遥不可及。家人的反对更是为这段感情增添了重重阻碍。

而现实中的我们，又有多少人能与青梅竹马或初恋情人走进婚姻的殿堂呢？时过境迁，当故人再次相见，那句"你好吗"背后，隐藏着多少未说出口的情感和遗憾？

但冷静思考，或许真正的幸福并非一定要与最初的那个人在一起。润叶和孙少安若真的在一起，也未必能如今日这般幸福。程建明和吴盼的婚姻，虽被判了"无期徒刑"，却也是他们自己的选择，是责任让他们继续走下去。

爱情不仅是花前月下的浪漫，更是共同承担生活的责任。当爱情转化为亲情，当浪漫变为习惯，那也是一种圆满。

生活对每个人来说都是公平的，它不会重来，不会给谁多一天，也不会给谁少一天。每个人的命运都受到时代的制约，我们无法完全掌控自己的命运，但我们可以努力让自己更幸福。

爱情并非时刻的陪伴，而是心灵的相通。即使不在一起，也能感受到彼此的存在。疲惫时的一个眼神，消沉时的一句鼓励，都是爱情的体现。婚姻和爱情都需要经营，都需要双方的努力和付出。

回想起五年前，我还在爱情的道路上迷茫时，曾写下对未来的憧憬和期待。如今，五年过去了，虽然经历了许多变化，但我的初心未改，对未来的期待依然如初。

未来是幸福的，是美好的。那些曾经的拥抱、牵手、歌声和泪水，都构成了我们人生中宝贵的回忆。无论未来会怎样，我们都应该怀着阳光的心态去面对，因为只有迎着太阳走，才会把影子留在身后，勇敢地奔向未来。

不丧气、不惊慌，岁月自有打赏

岁月匆匆，不经意间已被风尘覆盖，人生旅途虽偶尔凄凉，但我们的热情从未减退。经历了爱恨情仇后才明白，时间会抛弃一切，但我们的内心必须保持平静。

人们常说人生有三种境界：看山是山，看水是水；看山不是山，看水不是水；看山还是山，看水还是水。但不论我们处于哪一境界，不论走到人生的哪个阶段，每一段旅程都伴随着独特的感悟，都是生命中不可或缺的珍贵经历，好的坏的都是风景。

不争不抢、不卑不亢、不慌不忙地踏歌而行

随着时间的推移，我逐渐领悟到，人生中许多事物是可遇而不可求的。有时候，我们刻意追求的东西反而会溜走；在不经意间，却可能与意想不到的惊喜相遇。人们往往手握着他人羡慕的资源，却仍在羡慕着他人的生活。然而，当我们回首往事，会发现自己也曾是他人眼中的风景。

有人说，生命是一种承受；也有人说，人生是一场充满挑战的旅程。生活有时会让我们感到无奈，但只要保持美丽的心情，即使面临苦难，热爱所做之事，也能品尝到其中的甘甜。

几年前，有个名叫小琳的学妹，做出了一个大胆的决定——她放弃自己原本的专业领域，踏入了一个全新的行业。值得庆幸的是，这次转行对她而言非常成功。

小琳才华横溢，不仅文笔流畅，而且思维敏锐，拥有出类拔萃的学习能力。更值得一提的是，她在年纪轻轻时就已展现出卓越的社交能力，迅速成为某行业领军人物的得力助手。

凭借这些出色的才能，小琳经常被老板带着参加各种高端聚会。起初，她显得有些羞涩和不自在，但短短几个月后，她就能与那些业界精英游刃有余地交谈。

随着名气的提升，小琳收到了许多高薪职位的邀请。某日，小琳约我出来品茶，她兴奋地告诉我，计划在春节前辞职，因为她觉得当前的公司已经无法满足她的快速发展。她询问我是否应该抓住这个跳槽的机会。

我给了她否定的答复，认为现在并不是最佳的时机。她急忙辩解，表示并不在意即将到手的年终奖金，因为新公司提供的月薪是现在的两倍。她担心，如果继续留在这个公司，自己的发展速度会跟不上同龄人的步伐。

我耐心地劝解她：尽管你的进步非常迅速，但是否已经与那些商业精英建立了稳固的关系网？你目前的声望在很大程度上依赖于现有的老板和公司平台，一旦离开，你还能否保持现有的影响力？那些想要挖你的人，只是看重你目前所展现出来

| PART 6　所有经历，都是一种风景　149 |

的价值，但你的长远职业规划需要更加深思熟虑。

小琳陷入了沉思，但她仍然坚信自己已经拥有了足够的能力。我提醒她，也许她对于自己所负责的工作部分确实非常了解，但一个项目的成功往往需要整个团队的协作。独当一面的能力，她可能还有所欠缺。

经过深思熟虑，小琳最终决定留下来继续履行她的合同。用她的话来说，即她希望继续"稳步前行"。

两年后，小琳所在的公司获得了一家知名投资公司的青睐。由于她在整个过程中所扮演的关键角色以及她的勤奋和踏实，她迅速晋升为公司的合伙人之一。

小琳感慨地说，如果当初选择跳槽，她的月薪可能会增加几万块，这对于她的生活质量并不会有太大的改善。而现在，她在三十多岁的年纪就已经拥有了可以随时退休的资本。

有人或许会将成功归功于偶然的运气，其实，这是明智抉择后水到渠成的结果。

在青春岁月中，能否抵御住外界的种种诱惑，能否沉下心来专注某一领域，逐步建立起自己的专业形象和信誉，这才是未来人与人之间拉开差距的真正原因。

你或许会惊讶，有时候，看似缓慢的步伐，反而能更快地到达终点；稳定而坚定的前行，竟然成了通往成功的捷径。

在我撰写此文期间，从一位朋友那里听到了他亲身经历的一件事。

就在不久前，人事部门将一些初步筛选过的简历发送至他的邮箱，以供他进一步挑选面试者。他漫不经心地翻看着，突然，一个熟悉的名字跳入眼帘。他心跳加速，急忙细查该应聘者的教育背景和职业经历。确认无误——这位应聘者竟是他多年前的挚友，他们曾并肩度过那段实习的岁月。

想当年，他们作为新手一同踏入同一家公司，共同面对销售的种种挑战。一年后，虽然两人都留在了公司，但业绩平平，也鲜有前辈指点他们。

那时，他的朋友首先萌生了跳槽的念头，并力邀他同行。面对更诱人的薪资和更高的提成，他也曾心动不已。但最终，他选择了留下。他坦言，当时的决定并非出于深思熟虑，而是由于内心的恐惧，担心自己无法胜任那份高薪工作。

见他犹豫不决，他的挚友独自踏上了新的旅程。不久后，公司内部发生变动，他因未涉足任何派系之争而意外成为新任领导的左膀右臂。从此，他的事业如日中天，最终与人共同创业，公司规模日渐壮大，盈利能力不输行业佼佼者。

而他的挚友频繁更换工作，每次跳槽后都未能深入触及核心业务，便因各种原因再次选择离开。那段曾在知名企业工作过的经历，随着时间的流逝也逐渐失去了光彩。

直到那一天，他的挚友投递简历到他的公司，他们才尴尬地重逢。他出于对往日情谊的珍视，联系了几位业内同行，为挚友推荐了新的工作机会。

他强调，他并非反对跳槽或改变职业轨道，只是深知在未能将某项工作做到极致之前，频繁跳槽只会让自己更加脆弱、不堪一击。他希望挚友能够领悟这一道理，找到真正适合自己的发展道路。毕竟，时光不会辜负每一个勇往直前的我们。

不悲不喜，与万物同归去；不争不抢，岁月自有打赏！

关上过去的门，重启人生

英国前首相劳合·乔治在与朋友闲庭信步时，有一个特别的习惯——每经过一扇门，他总会细心地将其关好。这一举动引起了朋友的疑惑："每次都要把门关上，真的有必要吗？"乔治微笑着回应："这的确是非常有必要的。我们的一生，其实就是一个不断关闭身后的门的过程。每当我们关上一扇门，也就意味着将过去的喜怒哀乐、成败得失统统留在了身后。这样，你又可以重新开始了。"

往昔的经历，皆为新的序章

在经典戏剧《暴风雨》中，有这样一句触动心灵的台词："凡是过去，皆为序章。"

我们往往喜欢回顾往昔，既陶醉于过去的辉煌与成就，又难以释怀那些留下的遗憾与失落。但真正的人生旅程，其精髓在于一种内心的回顾与融合。这好比关上一扇门，把过去的所有经历都仔细收藏在心底，然后，我们可以焕然一新地重新出发，去揭开生活的新篇章。

1. 关上成就的门，归零人生

自幼酷爱阅读的杨绛，在文学领域取得了卓越的成就。然而，真正让她在文坛上崭露头角的，却是一部话剧作品。在挚友的鼓励下，她勇敢地接受了剧本创作的挑战，夜以继日地投身于创作之中。

经过精心打磨，《称心如意》这部话剧终于问世，一经上演便引起轰动。杨绛因此声名鹊起，成为文学界的璀璨新星。然而，面对外界的赞誉，她始终保持谦逊与专注，继续创作出多部广受好评的话剧作品。

对于外界的评价，杨绛总是以平常心对待。她认为荣耀与赞美都是过眼云烟，真正的价值在于不断地创作与追求。因此，她坚持不懈地写作，不断寻求新的突破。

即使步入耄耋之年，杨绛依然笔耕不辍，创作出了多部深入人心的作品。

为了开启新的篇章，我们需要学会将过去的成绩归零。只有为未来的发展腾出空间，我们才能迎接更多的挑战与机遇。在人生的旅途中，每个人都有可能登上属于自己的巅峰。但如果我们满足于现有的成就而停滞不前，就无法领略到更高处的风景。

因此，我们应该像杨绛一样，保持谦逊与专注，不断追求新的目标。将过去的成绩视为前进的动力而非羁绊，我们才能不断拓展人生的边界。

2. 关上恩怨的门，重启人生

在《神雕侠侣》中，瑛姑因孩子被裘千仞所杀，而耗费了整个青春去追寻仇人。但当一灯大师带着悔过的裘千仞向她道歉时，她已认不出曾经的仇敌。一灯大师叹息道："虽然你已不记得他的面貌，但仇恨铭记于心。"瑛姑的一生，因仇恨而失去了真正的快乐。

生活中，我们常常会遇到各种恩怨纠葛。但如果我们总是沉溺于过去的恩怨，就会像瑛姑一样，被仇恨束缚，无法享受生活的美好。因此，学会放下恩怨，是我们每个人的必修课。

苏轼与章惇的故事，为我们提供了另一个视角。尽管章惇曾陷害苏轼，导致他遭受贬谪之苦，但苏轼在重返京城后，选择了宽恕。当章惇担心苏轼报复时，苏轼淡然回应："过去的就让它过去吧。"这种豁达与宽容，不仅让苏轼释放了内心的怨恨，也让他能够轻装前行，继续创作出不朽的诗文。

王尔德曾说："为了自己，我必须饶恕一些人。"确实，持续复仇只会让我们陷入无尽的循环中，而放下恩怨，则能让我们重新开始。懂得翻篇儿的人，才能真正解脱自己，让生活充满阳光和希望。

因此，让我们学会关上恩怨的门，放下内心的怨恨和敌意。只有这样，我们才能腾出心灵的空间，去接纳更多的美好与善意，享受生活的宁静与和谐。

3. 关上执念的门，续写人生

《吕氏春秋》中记载了这样一个故事：楚王酷爱狩猎，每次狩猎都会带上他心爱的弓箭。一次，在云梦泽狩猎时，他不慎遗失了弓箭。侍从们慌张地想要寻找，楚王却平静地说："既然是在楚国的土地上丢失的，那么拾到它的人也必定是楚国人，无须担忧。"这种豁达的态度告诉我们，对于失去的东西，过度纠结只会消耗我们的精力，不如学会释怀，珍惜现在。

人生就是一场边收获边失去的旅程，背负太多只会让我们步履维艰。有句话说得好："适中的坚持是执着，执着是良药；过度的坚持是执迷，执迷是毒药。"只有放下对过去的执念，珍惜眼前的一切，我们的心灵才能得到真正的解脱。

在史铁生的《命若琴弦》中，老盲人为了一个虚无的目标，执着地弹断了千根琴弦，最终却发现药方只是一张白纸。这个故事告诉我们，过于执着于某个目标，往往会让我们忽视眼前的美好。

王阳明曾与他的门生王汝止有过一段对话。当王汝止结束游学归来时，王阳明问他有何见闻。王汝止回答："我看到满街都是圣人。"王阳明听后笑着说："你看满街人是圣人，满街人看到你也是圣人。"这段话传达了一个深刻的道理：当我们以圣人的眼光去看待世界时，世界也会以同样的方式回应我们。

要追求更高的境界，我们需要像工匠雕琢玉石一样塑造自己，舍弃无用的东西，磨砺自己。关闭对外在功名利禄的追求之门，转而关注内心的成长和完善；放下对恩怨情仇的纠结，让过去的事情成为过去；释怀对过去的执着，珍惜并享受现在的一切。在人生的旅途中，成为自己灵魂的引路人，既能洒脱地放下过去，又能随风而行，活得通透且自由，内心强大而充满温情。

再见浑浊的过往，你好闪闪发光的未来

当你行至人生的半途，蓦然回首，却发现周遭的一切风景都不是你期待的，当下的一切都与你的初衷背道而驰，你将如何应对？

我的挚友小赵，他以自由职业者的身份自在地生活。最近，他选择了一种别具一格的休闲方式——独自踏上去武功山的徒步之旅。

他背着沉甸甸的背包，内里装满了徒步旅行的必需品，在山脚下他气定神闲，迎接着各方的探寻与好奇。

"小赵，何以孤身一人开启徒步之旅？不觉得形单影只吗？"有人不禁发问。

小赵微微一笑，这样的选择不仅让他的朋友们感到意外，甚至连他的家人也颇感惊讶。

小赵年轻力壮、才华横溢，他的身边总是聚集着众多的朋友与机遇。他原本是都市中的明星，但如今选择了一条与众不同的道路。

曾经有一个令人艳羡的职位摆在他的面前，那是一家知名企业的高层管理职位，他却毫不犹豫地放弃了，转而投身于自由职业的行列。许多人对此感到困惑，甚至认为他做出了一个

疯狂的决定，然而小赵却从未对此感到后悔。

他还曾邂逅过一位美丽的女孩，她聪慧、独立，堪称完美的伴侣。然而，她希望小赵能够放弃自由职业，与她一同在大都市中奋斗。

面对这样的抉择，小赵犹豫了。他喜欢这个女孩，然而他更加珍视自己当前的生活方式。最终，他选择了与那段感情挥手告别。

"你对此感到遗憾吗？"我忍不住询问他。

他坚定地摇了摇头："在人生的道路上，最重要的是追随心声，而非迎合他人的期望。"

小赵以他自己的方式诠释着生活。他踏上去武功山的徒步之旅，并非为了向他人证明什么，而是为了在内心深处寻找那份宁静与真实。

或许在他人眼中，他的选择显得疯狂而不可理喻，然而他深知，真正的人生在于勇敢地追寻自己的梦想，而非沉溺于他人的评价之中。

挥别往昔的混沌，追寻心之所向

人生，就像是一条蜿蜒的河流，有时平静如镜，有时波涛汹涌。我们每个人都在这条河流中漂泊，经历着各种风雨与阳光。而挥别往昔的混沌，迎接未来的光芒，便是我们在人生旅程中必须学会的一课。

往昔的混沌，或许是一段迷茫的时期，或许是一些错误的决定，又或许是一些痛苦的回忆。这些混沌让我们感到困惑、疲惫，甚至想要放弃拼搏。然而，正是这些混沌，指引我们一路追寻心之所向，历尽沧桑却胜过万千繁华。

在理想与现实之间，既要尊重现实，更要聆听内心的呼唤。

小李，一个看似普通的年轻人，却做出了出人意料的决定。他毅然卖掉了自己的公寓，买了一辆房车并精心改造，随后踏上了长达半年的自驾之旅。

沿途的风景，都被他敏锐地捕捉，并转化为一幅幅精美的摄影作品。当他在社交平台上分享这些作品时，吸引了无数粉丝的关注和咨询。

许多人羡慕他这种随心所欲的生活方式，甚至有人表示也想效仿，抛下现有的工作，买辆房车，开启一场说走就走的旅行。他们纷纷向小李求教，希望他能给予指导。

然而，面对这些询问，小李的回答却是谨慎的。他坦言："我鼓励大家勇敢追求梦想，但在做决定之前，请务必深思熟虑。我不希望看到有人因一时冲动而做出选择，最终却发现自己其实并未准备好。"

我也时常收到读者的咨询，他们渴望了解我对于放弃稳定工作去大城市打拼，或者离开舒适区去追寻梦想有何看法。

我总是这样回应他们：无论你选择哪条路，关键是要找到那条能给你带来快乐和满足感的路。如果你选择回归自然，那么你能否从农耕生活中找到乐趣？如果你选择奔赴大都市，你能否在快节奏的工作中找到自己的价值和快乐？

如果你也想效仿小李，卖掉所有家当买一辆房车四处旅行，那么你是否已做好面对生活中各种挑战的准备？你是否能在没有稳定收入来源的情况下依然保持对生活的热爱和追求？

我们所追求的生活不是一场短暂的表演，而是需要我们用心经营和维持的。真正的幸福需要我们既认清现实也了解自我。

因此，在做决定时最重要的不是你听了谁的建议，而是你真正了解自己内心的需求和期望。只有你自己才能为自己的选择负责，也只有你自己才能找到那条最适合你的道路，遇见你心中绝美的风景。

PART 7

所有跋涉，都是为了抵达

心之所向，素履以往。

这是一场关于毅力与梦想的征途，而我们，正是那个不畏艰难、勇往直前的行者。

我们不断地前行，脚步虽重，但心中的目标始终清晰。每一步的努力，每一滴的汗水，都汇聚成我们前行的动力，推动我们向着那个梦想中的彼岸迈进。无论路途多么崎岖，无论挑战多么艰巨，只有经历过跋涉的艰辛，才能更好地品味抵达的喜悦。

我们每个人都有属于自己的风水宝地，那就是我们内心的世界，是我们独特的才华和潜能的沃土。与其总是遥望那遥不可及的高山大海，怀揣着对他人成就的羡慕与渴望，不如静下心来，回归自我，低头深耕自己的花园。在这块风水宝地上，我们可以播种希望，浇灌热情，收获属于自己的精彩人生。真正的成功，不是与他人比较，而是不断挖掘自己的内在价值，让自己的花园繁花似锦，果实累累。

所有发生但凡少一件，都无法成就现在的你

听过一句很有意思的话："生活的样子千千万，可以是这样，也可以是那样，唯独不是你想的那样。"

深入思考后，这话确实让人颇有感触。

在人生的长途旅行中，充满了无数的不确定性。很多时候，事情的发展并不如我们所愿，而心想事成则显得相对罕见。

青春年少时，我们总是渴望能够驾驭生活，希望将所有选择权都牢牢掌握在自己的手中。然而，随着年龄的增长，我们逐渐意识到，除了自己，我们很难真正主宰生活中的其他事物。那些真正内心坚忍的人，他们放下了紧张和防备，学会了顺其自然，允许一切发生，并且有能力和信心，让一切发生成为他们生命中的礼物。

每一次历练，都塑造了今天的你

在一档热门节目中，知名主持人林晓分享了自己曾经反复排练72次的经历。他坦言，那些曾经认为艰难曲折的道路，在走过之后，每一步都显得弥足珍贵。这段话触动了无数观众的心弦。

那么，经历究竟带给我们什么呢？或许，它悄然改变着我

们的内心世界，让我们在不知不觉中变得更加坚强和成熟，甚至一夜长大。

1. 当你独自熬过难关时

工作之后，我养成了"报喜不报忧"的习惯。作为成年人，我总认为自己能够应对一切挑战。加班到深夜，独自面对突发状况，我从未向父母诉苦；在寒风中搬家，我也只是默默承受。这些经历让我学会了独立处理问题，不是我想要成熟，而是生活推动着我不断前行。

2. 当你找到人生的方向时

在生活的旅途中，"我是谁"与"我想成为谁"这两个问题时常萦绕在我的心头。曾有一段时间，我迷茫、无助，感觉自己一事无成。然而，一次偶然的机会，我的摄影作品受到了网友的赞赏。那一刻，我意识到摄影不仅是我的爱好，还能给他人带去温暖。从此，我明确了自己的目标，并为之努力奋斗。

3. 当你从失败的感情中吸取教训时

每一段感情都是一次学习的机会。曾经，我在一段感情中受尽伤害，痛不欲生。然而，正是这段感情让我学会了如何面对失去和放下。我逐渐明白，有些结局是无法改变的，而我们能做的，就是从中学会成长，勇敢面对未来。

4. 当你经历人情冷暖时

在人生的低谷期，我们总会遇到一些否定、嘲笑甚至远离我们的人。这些声音可能会让我们迷失自我，但也正是这些经历锤炼了我们的意志。我曾因一次决策失误而陷入困境，身边的朋友纷纷离我而去。然而，正是这些挫折让我看清了谁是真正关心我的人，也让我更加珍惜那些愿意与我共渡难关的朋友。

5. 当你面对生命的离别时

年轻时，我们总以为时间无限，直到身边的人开始陆续离开。每一次离别都让我深刻体会到生命的无常和短暂。"真正的离别往往悄无声息。"因为明白生命的不易，我学会了珍惜当下，感恩每一次相遇和告别。

回头看，曾经发生的每一件事，过往的每一段经历，无论大小，都共同铸就了此刻的你。人生中的每一次相遇都有其深意，每一次经历都赋予了我们成长的力量。接纳生活的每一次挑战，将经历转化为自我成长的养分，这是我们一生要学习的课题。

别和老天较劲，你只管勇敢前进

在著名作家周国平先生写的《不较劲的智慧》这篇散文中，有一句引人深思的话："人生许多痛苦的原因在于盲目较劲。"这种顺应的智慧提醒我们，在面对生活中那些我们无法掌控的部分，比如自然灾害或偶发之事，我们应以敬畏之心去接受。这就像是一个旅人在路途中突然遭遇了暴风雨，使得原本的计划被打乱。在这种情况下，我们并不会去责怪天气，因为这是自然发生的，不受我们的主观意愿控制。当遇到这样的变化时，我们应该去适应它，并寻找应对之道，而无须过度焦虑或抗拒。这种灵活应变和适应的能力，将有助于我们更好地与环境和谐相处，保持内心的平静，从而使事情的结果变得更为理想。

无论你抵达何方，我们自身都是大自然的一部分

社会环境中的巨变也同样是世界万物运行的一部分。如果我们能像看待自然变化一样去看待这些社会变化，无论是好是坏，我们都能以敬畏之心去接受、去融入这些变化，就会在适应中找到和谐与平衡。这种顺应与融入，将为我们提供前进的动力，使我们能够与变化共存共生。

在面对意外时，顺应与接受尤为重要。我们应避免互相追责或伤害，而应相互理解和温暖对方，接受世事的变幻无常。

过去，林悦也是一个喜欢与人争辩、对事情结果极为执着的人，这种态度让她在人生的道路上吃了不少苦头。每当事情的走向与她的预期不符，她总是想要力争到底，让一切按照她的意愿发展。

几年前的一场风波，让林悦差点儿丢掉了在医院的工作。那件事本身并不复杂，但给林悦带来的挫败感和羞耻感让她难以忘怀，甚至一度想要逃避。

那是一个如常的工作日，林悦在手术室门口接待了一位即将进行手术的老先生，他已年过八旬。老先生对于手术的等待时间表达了强烈的不满："这是什么破医院，怎么让老人家等这么久，太不像话了！"

陪同的家属同样表达了不满，言语之中流露出强烈的不悦。林悦试图向他们解释手术的安排和等待的必要性，希望能够消除误会。

然而，出乎林悦的意料，患者家属并没有听她的解释，反而向医院管理层投诉。手术结束后，林悦接到了来自护理部的电话，通知她被患者的儿子投诉了，要求她对此进行解释。

面对这一突如其来的指责，林悦感到前所未有的委屈和愤怒。她在护理部主任面前泪流满面，坚决否认自己有错。最终，这件事情以医院领导和护理部主任亲自向患者及家属道歉而告终。

那时的林悦无法理解，为什么自己的一句实话会被视为态度恶劣？为什么在明显没有过错的情况下，还要被迫承认错误？为什么正确的一方要向错误的一方低头？

这些问题让林悦长时间陷入自责和悔恨中，她后悔自己的多言给自己和医院带来了不必要的麻烦。同时，她也开始对自己的职业选择产生了怀疑，不知道自己是否真的适合这份工作。

然而，经过多年的反思和成长，林悦逐渐明白了当初的困境并非只是简单的对错问题。她意识到，在与人交往中，除了言语本身的内容外，更重要的是沟通的方式和态度。她开始学会更加耐心地倾听他人的意见和诉求，而不是一味地想要改变对方的想法。

同时，林悦深刻体会到人与人之间的差异以及存在于制度之外的规则的重要性。她明白每一件事情的发生都受到多种因素的影响，并非简单的黑与白、对与错所能概括的。

如今回想起来当初的那场风波以及自己曾经的固执与较劲，林悦感慨万千，但也正是那些经历让她成长为今天更加成熟、理智的自己。

顺应、不较劲不意味着遇事就躺平。尽管我们无法掌控自己的命运，但至少可以掌控对命运的态度，以平和的心态去面对那些不可避免的遭遇。学生时代,我曾多次因为过去的错误或未达到的期望而深感自责和愤怒。这种负面的情绪不仅让我沉浸在痛苦之中,更让我错失了许多可以重新振作的机会。在不断的反思中,我逐渐意识到,人生并不完美,每个人都会犯错或有所不足。这些不完美并不是为了让我们自责,而是提醒我们去改进和成长。

与自己较劲,实际上是苛求一个完美的结局,这不仅徒劳无益,而且是对生命的浪费。同样,与他人较劲,如攀比、忌妒或争斗,也是源于对人与人之间差异的忽视。人们天生就存在差异,有些人的起点可能是其他人一生都无法企及的终点。

在与命运的较量中,我也时常陷入痛苦。然而,要摆脱这种痛苦,就要学会区分自己能控制和不能控制的事物。

曾有一个关于失独家庭的报道给我留下了深刻的印象。那些能够接受并顺应命运的家庭,能够相互扶持,共同度过余生;而那些不能接受现实的家庭,可能会因为追责而走上漫长且无望的维权之路,或者因为各种原因而相互攻击,最终导致家庭的破裂。

其实,面对人生的重大打击,如中年丧子,维权和怀念都是可以理解的。但我们必须认识到,意外的本质是机缘巧合和人生的无常。生死大事并不受我们的个人意志所控制。虽然我们无法不为失去亲人而感到悲痛,但我们也必须对自己的生命负责。对于我们能够控制的事情，我们应全力以赴；而对于那些我们无法控制的事情，我们也应学会接受并顺应。只要我们还活着，就没有任何人或事能够阻止我们追求幸福和快乐地走完余生。这个道理不仅适用于应对意外的情况，也适用于我们应对生活中的每一件事情。

石头缝里长出的树最坚韧，烧不死的鸟是凤凰

"有我在，别怕！"

这简短的话语，如同璀璨的星辰，为大山深处的女孩们指明了前行的道路。张桂梅，以她坚定不移的承诺和日复一日的辛勤耕耘，为这些孩子们铺设了一条通往知识殿堂的大道，实现了无数家庭和学子"知识改变命运"的美好愿景。

"生命不息，教书不止。"在一段纪录片中，张桂梅这样吐露自己的心声。60多岁的她，始终如一地践行着自己的初心，希望永不退休。尽管身患20余种疾病，她依然坚守在教育的第一线，用行动践行着她的诺言。

生活中，严寒总会不期而至，我们无法选择也无法逃避。

人生之路往往充满起伏，前行的过程中总会遇到挫折和困难，我们不得不停下脚步，在伤痛中自我疗愈。

正如张桂梅所经历的那样，生活的打击接踵而至，从小失去母亲，青年时又失去了父亲，之后，深爱的丈夫也离她而去。

她曾深陷痛苦，也曾奋力挣扎，但幸运的是，身边的人给予了她温暖与支持，让她在关怀中重新站了起来。

知恩图报，张桂梅创建了免费的女子高中，将这份爱与关怀年复一年地传递下去，帮助一代又一代的山里孩子们走出困

境，去见识更广阔的天地。

然而，教育工作从不是轻松之事。作为学校里最早起床、最晚休息的"擎灯人"，身患 20 多种疾病的张桂梅面临着巨大的挑战。尽管多次晕倒甚至收到过病危通知书，但她仍坚定地表示："只要还有一口气，我就会站在讲台上。"

每个人都应该成为自己命运的主宰，做石缝中的树与浴火的凤凰

生活没有目标，就如同航行没有罗盘。一艘没有方向的船，无论哪个方向的风都是逆风，其旅程注定是艰难的。只有当你清晰地知道自己的方向，你才能有决心和勇气不断前行，向目标迈进。

每个人都应该成为自己命运的主宰，根据自己的愿景去设定对应的目标，而不是随波逐流，任由命运随意摆布。

然而，宏伟的目标并非一蹴而就，大目标宛如巍峨的山岳，需要我们坚持不懈地攀登。

以成为一名杰出的长跑运动员为例，虽然天赋是基础，但坚持不懈的日常训练才是成功的关键。压腿、长跑、起跑练习等日常训练，每一次的汗水与努力都铸就了最终的突破。只有如此，你才有机会站在你所在行业的巅峰。

那些渴望变得更好的人，不会仅满足于空想。当别人还在

犹豫不决时,他们已经果断地开始行动了。要记住,空想只会带来问题,实践才能找到答案。而认命与放弃,更是一条通往下坡的路。

但请铭记,在每一个你未曾留意的瞬间,包括此刻,都孕育着通过实际行动去改变命运的可能性。生活中固然有许多不可抗力,然而,这绝非我们束手无策的借口。

张桂梅深耕滇西,帮助那些生于深山、原本可能早早嫁作人妇、看似前途渺茫的女孩走出大山。她以教育的力量改变了她们的命运,使她们从苦难中解脱,成长为能够自立的个体。不论你所处的环境如何,绝不低头是关键。因为一旦认命或放弃,无数的机遇便会从指尖溜走。只要不向命运低头,每个人都有潜力改写自己的人生篇章,铸造个人的传奇。

认命与放弃是机会的盗贼。命运之神对每个人都是公平的,因为它赋予了每个人改写命运的机会。我们必须奋力争取,才能把握更好的发展机遇。坚定你的信念,深信命运掌握在自己手中,而转变的契机,永远都在下一刻等着你。

人生是一段旅程,这段旅程固然充满了挑战,但也蕴藏着无限的希望。每个人的人生都充满了变数,其中既有期待,也有挫折。即使人生的道路崎岖不平,我们也不能停止前进的脚步。即使暂时迷茫,也要努力照亮前行的道路。

常言道,胸怀壮志者方能行稳致远。我们不必过分在意一时的得失，也不必斤斤计较个人的利益。路途再遥远，只要勇往直前，终将抵达目的地；事情再困难，只要着手去做，就有成功的可能。

或许你正在刻苦攻读，为了那场决定未来的考试；或许你正在四处寻觅，期待找到心仪的工作；又或许你正在为升职而忧心忡忡。

面对人生的高山，我们无须畏惧，只要方向正确，将想法转化为实际行动，一步一个脚印地向上攀登，每一步都是向着我们期待的未来更进一步。

蛰伏过漫长冬季，等一场花开的惊喜

鲁豫曾说："无论是谁，都曾经或正在经历各自的人生至暗时刻，那是一条漫长、黝黑、阴冷、令人绝望的隧道。"

人生总有低谷时期，失败、背叛、病痛、离别……这些人生挑战，仿佛将我们推入一个孤寂的黑暗空间，即便耳畔回荡着亲友的鼓励，内心的孤独感仍挥之不去。更令人不安的是，我们无法预知这样的困境将持续多久，是短暂的一两个月，还是漫长的一两年，甚至更久？持续的消沉与压抑，会渐渐消磨掉我们对生活的热情。

然而，生活本就如此多变。少年时可能面临考试的挫折，青年时或许会感到迷茫与焦虑；中年时可能要应对各种生活危机；而到了老年，又不得不面对疾病和死亡的威胁。人的一生总是在高潮与低谷间摇摆，只有那些碌碌无为的人，生活才会如一潭死水般平静。

所有这些挑战与困境，都是我们无法回避的人生磨砺。我们要做的，就是勇敢地迎接并度过这些艰难时刻。但毕竟，不是所有人都是张桂梅，不是所有人都能成为石缝中的树与浴火的凤凰。对于绝大多数普通人来说，在命运的低潮期，要做的可以简单概括为两个字：蛰伏。正如作家王潇所说："命运要我蛰伏，我就蛰伏。耐住寂寞，回山洞里，把功练成。"

在蛰伏的过程中，先调对自己的状态

　　罗曼·罗兰在《约翰·克利斯朵夫》里写道："大部分人在二三十岁上就死去了，因为过了这个年龄，他们只是自己的影子，此后的余生则是在模仿自己中度过。日复一日，更机械、更装腔作势地重复他们在有生之年的所作所为、所思所想、所爱所恨。"

　　其实很多人状态差，并不是感觉人生真的跌入了谷底。

　　令人感觉糟糕透顶的状态，其实是我们一直在原地打转。

　　在电影《肖申克的救赎》中，银行家安迪因被误判谋杀妻子和情夫而被判终身监禁。在监狱里，他遭受了种种非人的折磨、侮辱和殴打，但他始终保持冷静，心怀希望。他不仅教囚友们读书、下棋，还帮助典狱长和狱警管理财务，以积极和有尊严的态度度过每一天。

　　在狱中，他结识了好友瑞德，并约定要充满希望地面对余生，期待有朝一日能重逢并开启新的人生篇章。

　　经过19年的漫长等待，一个风雨交加的夜晚，安迪终于通过自己用小锤挖掘出的隧道逃出了肖申克监狱，重获自由。多年后，瑞德也获得了假释，两位老友最终在太平洋的蔚蓝海岸重逢。

这部电影从多个角度展示了希望的力量，其中的台词也广为传颂。它告诉我们：

◎ 懦弱会囚禁我们的灵魂，而希望则能让我们感受到自由。强者会自救，而圣者则能度人。

◎ 不要忘记，世界上有一种力量能穿透所有高墙，它深藏于我们的内心，是他们碰不到、夺不走的，那就是希望。

◎ 每个人都是自己的救赎者。如果你都放弃了自己，还有谁会来救你？每个人都在忙碌，有的人忙着生活，有的人忙着走向死亡。

片中的布鲁克斯就是一个失去希望的例子。即便他获得了假释，但最终仍因无法应对生活中的困境而选择了自杀。

相比之下，安迪即便在狱中饱受折磨，经历了19年不见天日的生活，也从未放弃希望。因此，当机会来临时，他能够成功逃出监狱，重获自由。

《肖申克的救赎》一书的作者斯蒂芬·金，一生经历曲折，却通过笔下的文字找回了内心的自由。当被问及写作秘诀时，他认真地回答道："一个字一个字地写。"这绝非戏言，而是他对写作的执着与热爱的真实写照。

另一部值得反复品味的影片《当幸福来敲门》中，主角加德纳的人生境遇可谓是困顿不堪。由于贫穷，妻子离他而去，没有稳定工作的他必须独自承担起抚养孩子的责任。

步入中年的加德纳，带着儿子在城市的街头流浪，为了活下去，他不得不卖血、在公共卫生间过夜，甚至与刚毕业的年轻人在同一起跑线上竞争稀缺的实习机会。然而，无论生活多么艰难，他在孩子面前始终保持着乐观的态度，充满感激与希望，是一个充满父爱的坚强后盾。

《当幸福来敲门》这部电影的主人公原型——美国知名黑人投资专家克里斯·加德纳曾这样分享他的经历："在我二十几岁的时候，我历经了种种人们能够想象到的艰难、黑暗与恐惧，但我从未有过放弃的念头。"

当面对侮辱与诋毁时，他选择以实际行动来证明自己的能力；当遭遇批评与挫折时，他选择不断提升自己；当遇到突如其来的困难时，他选择坦然接受并耐心应对。毕竟，在人生的道路上，没有人能够一帆风顺，每个人的生活都是苦乐交织的。

以亚伯拉罕·林肯为例，他在成为美国总统之前，经历了一连串的坎坷与挑战。

◎ 1831年，他遭遇了生意上的失败。

◎ 1832年，他竞选州议员失败并失去了工作。

◎ 1833年，他再次经商失败，因此背负了沉重的债务。

◎ 1835年，就在他即将结婚之际，未婚妻突然离世，给他带来了巨大的打击。

在之后的岁月里，他多次竞选各种公职均告失败，包括

1843年和1848年的国会大选，1849年申请土地局长职务被拒，以及1854年和1858年的竞选参议员失败。

然而，经历无数次的失败与挫折之后，1860年，亚伯拉罕·林肯最终在51岁时当选为美国总统。

路遥在《平凡的世界》中写道："细想过来，每个人的生活也同样是一个世界。即使是最平凡的人，也为他那个世界的存在而战斗。"

每个人都是自己的英雄，都在为自己的生活而努力。

我们都知道，坚持和毅力是克服困难的关键，然而，对于真正身处困境的人来说，要持续保持这种积极态度并不容易。自我怀疑、对能力的质疑，甚至对人生的意义的迷茫，都可能会涌上心头。

面对人生的低谷，有网友提出了一个简单却深刻的建议："如何走出人生低谷？只需多走几步。"这句话提醒我们，无论面临多大的困难，只要勇往直前，总会找到出路。

在此，我想分享几个帮助我们在困境中保持积极心态的方法：

稳健决策，避免极端：在低谷时期，我们可能会急于求变，但过于激烈的改变往往不是明智之举。在做重大决定之前，寻求亲友的建议是非常重要的。

养成正向生活习惯：保持积极的生活习惯是克服低谷的有

效方式。规律的作息、健康的生活方式和充实的活动,如健身、阅读、烹饪或艺术创作,都能帮助我们更好地应对困难时期。

培养正向情绪:积极寻找生活中的乐趣并记录下来。当情绪波动时,试着找些事情做,而不是沉溺于负面情绪中。同时,减少无谓的抱怨和消极对话,保持开放和积极的心态。

积极与外界互动:接触新的人和事物,了解不同的生活方式和观点,有助于我们打破固有的思维模式,看到更广阔的世界。

越是慌不择路时越是要停下来

战国中期,齐威王继位后面临官场腐败的问题,由于力量有限,他选择暂时放任官员的腐败行为。淳于髡大夫以能言善辩著称,他向齐威王提出疑问:"国内有只大鸟在王宫中已经栖息了三年,却从未飞翔或鸣叫,您知道其中的缘由吗?"齐威王微笑回应:"它不鸣则已,一鸣惊人。"后来,当韩、赵等国趁机攻打齐国时,齐威王利用民心,牢牢掌握军权。他通过严惩一个贪官典型,并重用一个清官典型,重振了王权,使官员们再也不敢轻视王权。

蛰伏并非仅限于君王或弱者,而是每个人在成长过程中都可能经历的重要阶段。它是练就基本功、积累力量的关键时期。无论是谁,若想在未来成就一番事业,都必须学会蛰伏、保持沉寂,并在此期间不断磨炼自己。只有这样,才能做到"不鸣则已，一鸣惊人"。

人生中的某些阶段，需要一段时间的蛰伏。这既是为了等待恰当的时机，也是为了积蓄内在的力量。蛰伏，其实是一种策略性的忍耐，是在静候那个能让我们展翅高飞的舞台。那些在蛰伏期间学会深沉忍耐的人，虽然平时可能默默无闻，但一旦时机成熟，他们便能如大鹏一日同风起，扶摇直上九万里，实现惊人的飞跃。

对于作家和艺术家而言，蛰伏是一门必修课。那些能够沉下心来蛰伏的创作者，他们的作品往往更加深沉，少了许多浮躁。没有经过长时间的沉淀与积累，作家或艺术家很难创作出令人惊艳的作品。

实际上，任何事物在其成长过程中都需要经历一段时间的蛰伏。当这段蛰伏期结束，也就意味着到了大展宏图的时候。

有人曾经告诉我，蛰伏只是一个过程，我们终将醒来。就像昙花虽然只绽放一瞬，却留下了永恒的美丽；蝉虫用几年甚至几十年的蛰伏换来了一个夏天的鸣唱。人生也是如此，无论你现在面临的是何种看似无法逾越的困境，都要记住："天将降大任于斯人也，必先苦其心志，劳其筋骨，饿其体肤，空乏其身，行拂乱其所为，所以动心忍性，增益其所不能。"我们无需对世态炎凉感到悲观，更不必对人生的无常感到无奈。停止抱怨，追寻那逆光而行的勇气和希望。

| PART 7　所有跋涉，都是为了抵达

"伏久者，飞必高。"鲁迅先生也说过："沉默呵，沉默呵。不在沉默中爆发，就在沉默中灭亡。"而爆发的基石正是之前的蛰伏。只有经过充分的蛰伏和准备，我们的爆发才会更有力量、更加耀眼。

人生这场游戏，必须要漂亮地通关

如果要用一种事物来比喻我们的人生旅程，你会选择什么呢？

对我而言，将人生视为一场精彩的通关游戏，似乎是个贴切的比喻。

从我们幼年时期的初步探索，到逐步踏入学校、经历各个阶段的学习，都如同在游戏世界中不断解锁新关卡，勇敢迎接每一个挑战。

想象一下，一个孩子正在拼凑一个庞大而精细的积木模型。其中有几个特别的小部件，需要精巧地组装在一起，形成一个稳固的结构。这不仅是对耐心的考验，更需要在细节上使用巧妙的力道。孩子成功地完成了前两个部件，但接下来的组装屡屡受挫，怎么也无法将部件完美地扣合在一起。于是，他选择暂时放下，转而去做其他事情。当他回来时，心态已经平和，很快就完成了剩下的组装。

当我们在某件事情上遇到困难，无法迅速取得进展时，不妨暂时放下，给自己一些调整的时间。这样做，不仅能让自己得到放松，更能让事情在和谐、冷静的氛围中得到解决。

总的来说，平和的态度总比激烈的对抗更为有益，冷静总比焦躁不安更能解决问题。在日常生活中,当我们遇到不顺利的事情时,很容易感到整个人的能量都被束缚住了。但越是着急和慌乱,往往越难取得好的结果,反而容易让自己陷入更深的烦恼之中。而持续的挫败感又会导致我们对自己失去信心,甚至选择放弃。如果想持续又巧妙地完成一件事,要学会转念。

回首学生时代,每一次重要的考试,都仿佛是成长路上的一个守关大怪,测试着我们的知识积累和应对智慧。我们持续地汲取新知,努力提升自己,只为迈向下一个高峰——大学之门。

但当我们踏入大学,很快意识到,旅程并未结束,只是换了一片天地,挑战也更为复杂。在这里,我们需要积累各种技能,来迎接未来可能遭遇的种种考验。每一本书的翻阅,每一次实践的历练,都成为我们成长路上的珍贵宝藏,仿佛冒险途中的神秘道具,助力我们变得更为出色。

随着时间的流逝,我们脱下了"学子"的外衣,披上了"社会人"的斗篷,开始在更为广阔的天地中探索。缺少了师长与家长的引导,我们必须更加主动地寻觅机遇,勇敢地面对难题,学习新的专业技能,并学会与同伴携手,共同迎接挑战。

在这段旅程中,我们学会了洞察人心,理解了社会的复杂;我们体验了日夜颠倒的奋斗,也学会了照顾自己。我们深知,独立是成长的必经之路,因为当我们跌倒时,唯有自己能将自己扶起。

更为关键的是，我们在这段路上学会了如何在人生的十字路口做出抉择。这些抉择，或许令人纠结，或许令人迷茫，但每一次的决策，都是对我们内心的一次锤炼，也是对我们未来的一次规划。

尽管游戏与真实生活有所不同，但二者有着异曲同工之妙。生而为人，我们都在经历一场不断进阶的冒险。唯有不断学习、不断进步，我们才能在人生的征途上走得更远、爬得更高。

穿上时光的斗篷，我们终将通关

人生宛如一场冒险之旅，我们不断突破重重关卡，奋力前行。每当我们回望过往，会发现那些曾经令我们困扰的难题，如今都已成了我们成长的垫脚石。正是这些宝贵的经历，让我们更加深刻地领悟到生活的真谛，也让我们在挑战中不断成长，变得更加强韧。

就像游戏中的勇者通过不断挑战来提升自己的能力和装备，我们的人生也是一场不断突破自我的旅程。每一个挑战看似艰难，但正是这些经历塑造了我们的坚韧与成长。

为什么我们总能在逆境中崛起，突破人生的重重难关？答案就在我们内心那份与生俱来的求生欲望和不懈追求中。这份力量推动我们勇往直前，面对挑战无所畏惧，即使困难重重，也坚信自己能够克服。

可以说，人生就是一场接连不断的挑战与突破。虽然关卡重重，但只要我们有坚定的信念并持续努力，下面这人生的五大挑战，每一个难关都能被我们攻克。

一级挑战——雕琢个性角色。

从拼图游戏中，我们领悟到，拼图必须要有主见，不能听别人怎么说就怎么拼。独处是成长的必经之路，它给予我们空间去深入探索内心。无须惧怕孤单，要勇敢地选择成为内心深处最渴望、最有特色的自己。始终坚守初心，明确自己的方向，才能稳步前行在人生的道路上。

二级挑战——高效决策，聚焦核心任务。

日常生活中有着无数的选择和诱惑，但要识别哪些才是至关重要的，是我们需要修炼的技能。如同策略游戏中的抉择，我们得审慎地评估每一个选项。将自己的精力和时间投入到真正热爱且擅长的领域并持之以恒，你将有非凡的成就。

三级挑战——设定明确目标，一往无前。

梦想和热情是推动我们前进的不竭动力。但更为关键的是，确立明确的方向，并毫不动摇地朝其努力。在面对外界的纷扰和诱惑时，坚守自己的选择，并为之倾尽全力。

四级挑战——不断学习，获取新技能。

岁月不会因我们的年纪而对我们有所优待，但随时保持学习的热情可以让我们活力满满。精心规划时间，利用青春的活力和热情，迅速积累知识和经验。每一次为目标付出的努力，都将成为你人生旅途中的珍贵资产。

五级挑战——品味生活，维持巅峰状态。

人生不仅是一场竞赛，更是一次探险。在追寻梦想的路上，别忘了欣赏沿途的美景。保持乐观的心态，发挥自己的长处，与志同道合的伙伴共同前行。当遭遇困境时，学会放松和恢复，为接下来的挑战做好准备。同时，珍视与每一个人的交集，让生活中的每一刻都熠熠生辉。

电影《过昭关》中的一句经典台词揭示了人生的奥秘："人生啊，就像过昭关，过了昭关过潼关，过了潼关，还有嘉峪关山海关，关关难过关关过。"在每个选择的十字路口，我们总会遇到意想不到的困难和未知的挑战。想要冲进人生这场游戏的终局，关键就在于我们如何运用智慧和策略去面对每一个难关。即使这场游戏没有终点，也要全力以赴地生活，全心全意地去爱，尽情享受其中的乐趣和挑战，欣赏沿途的风景，就是有再多的关卡也不能阻挡我们勇往直前的决心！

| 后记 |

花自向阳开，人终朝前走

　　生活中的不幸千差万别，当它们降临时，我们的内心深处常常会涌起一股无力感。很多人不禁会问：为何这样的事情会发生在我身上？这样的问题很容易让我们的思维陷入自我纠缠，带来更深的空虚、焦虑和恐惧。

　　然而，在成长的岁月里，一个极为重要的心态转变就是：逐渐将"为何这种事会发生在我身上"的抱怨，转变为"这件事究竟想要教会我什么"的探寻。从那以后，我们会逐渐领悟到一个深刻的道理：困扰我们的并非事情本身，而是我们对事情的看法。

　　我想，当你和我一起走到这里，已经逐渐学会并开始尝试转念，以积极的心态和正面的思考去应对问题，那些曾被认为无解的困境也会迎来新的转机。正如俞敏洪所言："人生中的任何一次失败和痛苦，都可能是你遇到的最好的机会，它能教会你真正的智慧。"俞敏洪能够屡次挺过打击，实现逆袭，靠的正是这种将挫折转化为养分的智慧。

没有人愿意经历困境，但某些深刻的体悟和认知，只能在最黑暗的时刻获得，别无他法。经历过求而不得的痛苦，我们才会认清自己的局限，学会知足；品尝过事与愿违的失望，我们才会明确自己的追求，明心见性。

我们都曾竭尽全力像紧握船舵一样去掌控结果，去引导关系的走向，然而，在屡次的挫折中我们逐渐明白：世间万物，没有一样可以完全掌控，我们唯一能控制的只有自己。学会放下各种不甘和恐惧，将每一次经历都视为成长的阶梯。即使身处最不利的境遇，也能发现其中有利的一面，去直面它、接纳它、改变它。这样，那些艰难的时刻就会变成人生中最宝贵的礼物。

有句话说得好，当一股力量迎面而来，我将顺势而退，借此学习，调和、修正自我。就像我在本书中一再强调的，真正的强大，并非控制一切，而是允许一切发生。不困于得失，以柔和的姿态与世界和解，只为更清醒、更坚定地走好未来的路。这本身就是一种成功。

很喜欢村上春树的一句话："不必太纠结于当下，也不必太忧虑未来。"

经历一些事情后,眼前的风景已与从前不同。既然变化是常态,那就试着把所有经历都当作馈赠吧。每天告诉自己,发生在我身上的事情都是为了丰富我、成就我。如果暂时事与愿违,那一定是上天另有安排。

人生如钟摆,每天都在沉重地移动。每段如烟的过往都书写着不同的人生故事。每个人都是一朵花,都有属于自己的花期;每个人也都有他的时运。在这漫长的人生旅程中,花自会向阳开放,人终将大踏步朝前走。当我们走过曲折的岁月,抓住每一个机会让自己变得更好,我们终将活成自己喜欢的模样。

一剪闲云一溪月,一程山水一华年;一世浮生一刹那,一树菩提一烟霞。

不为往事忧,只为余生笑!